PROJETO
MÚLTIPLO

Caderno do Enem

Geografia
Ensino Médio

editora scipione

editora scipione

Diretoria editorial: Lidiane Vivaldini Olo
Editoria de Ciências Humanas: Heloísa Pimentel
Editora: Francisca Edilania B. Rodrigues
Colaboradora: Izabel Perez
Supervisor de arte e produção: Sérgio Yutaka
Supervisor de arte e criação: Didier Moraes
Coordenadora de arte e criação: Andréa Dellamagna
Editora de arte e criação: Lee Kim
Design gráfico: UC Produção Editorial e Andréa Dellamagna (miolo e capa)
Gerente de revisão: Hélia de Jesus Gonsaga
Equipe de revisão: Rosângela Muricy (Coord.),
Ana Curci e Vanessa de Paula; Flávia Venézio dos Santos
e Gabriela Macedo de Andrade (estags.)
Coordenação de iconografia: Fabiana Manna da Silva
Pesquisa iconográfica: Ellen Finta, Graziele Costa,
Marcella Doratioto e Tamires Castillo
Fotos da capa: Pete Ryan/National Geographic/Getty Images,
Marco Rubino/Shutterstock/Glow Images,
Ale Ruaro/Pulsar Imagens
Grafismos: Shutterstock/Glow Images

Material elaborado por:
Hélio Carlos Garcia
Marcelo Ribeiro de Carvalho
Márcio Castelan
Pablo Lopez da Silva
Vagner Augusto da Silva
Valdinei A. da Silva (Axé)

Direitos desta edição cedidos à Editora Scipione S.A.
Av. das Nações Unidas, 7221, 3º andar, setor D
Pinheiros – São Paulo – SP
CEP 05425-902
Tel.: 4003-3061
www.scipione.com.br / atendimento@scipione.com.br

2023
ISBN 978 85 262 9396-0 (AL)
ISBN 978 85 262 9397-7 (PR)
Código da obra CL 738776
CAE 502764 (AL)
CAE 502787 (PR)
1ª edição
9ª impressão

Impressão e acabamento Gráfica Eskenazi

Sumário

Aula 1 (Competência 2 – Habilidade 6): Cartografia 5

Aula 2 (Competência 2 – Habilidade 10): Dinâmica da população: distribuição e crescimento 15

Aula 3 (Competência 4 – Habilidade 16): Estrutura demográfica 24

Aula 4 (Competência 2 – Habilidade 8): Migrações internacionais 31

Aula 5 (Competência 6 – Habilidade 27): Dinâmica da natureza: climas e mudanças climáticas 38

Aula 6 (Competência 6 – Habilidade 30): Biomas e unidades de conservação 48

Aula 7 (Competência 6 – Habilidade 29): Dinâmica da natureza: a utilização das águas 56

Aula 8 (Competência 6 – Habilidade 26): Dinâmica geológica e geomorfológica e impactos socioambientais 62

Aula 9 (Competência 2 – Habilidade 9): Globalização econômica 73

Aula 10 (Competência 6 – Habilidade 28): Fontes de energia 79

Aula 11 (Competência 4 – Habilidade 17): Dinâmica industrial 90

Aula 12 (Competência 4 – Habilidade 20): Espaço urbano 96

Aula 13 (Competência 4 – Habilidade 19): Meio rural.. 104

Aula 14 (Competência 4 – Habilidade 18): Redes de transporte e comércio 112

Aula 15 (Competência 2 – Habilidade 7): Meio ambiente e sustentabilidade 121

AULA 1

Competência 2 Compreender as transformações dos espaços geográficos como produto das relações socioeconômicas e culturais de poder.

Habilidade 6 Interpretar diferentes representações gráficas e cartográficas dos espaços geográficos.

Em classe

CARTOGRAFIA

Elementos de orientação

- Pontos de referência.
- Linhas imaginárias.
- Coordenadas geográficas.

Elementos da cartografia

- Elementos do mapa: escalas, legendas e projeções.
- Projeções de Mercator e Peters.

Fusos horários

- Sistema de fusos horários.
- Fuso horário brasileiro e horário de verão.

1 (Enem) Um leitor encontra o seguinte anúncio entre os classificados de um jornal:

> **VILA DAS FLORES**
> Vende-se terreno plano medindo 200 m².
> Frente voltada para o sol no período da manhã.
> Fácil acesso.
> (443) 0677-0032

Interessado no terreno, o leitor vai ao endereço indicado e, lá chegando, observa um painel com a planta a seguir, onde estavam destacados os terrenos ainda não vendidos, numerados de I a V:

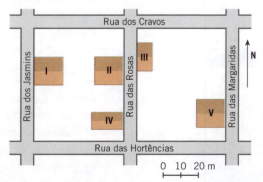

Considerando as informações do jornal, é possível afirmar que o terreno anunciado é o:
a) I.   b) II.   c) III.   d) IV.   e) V.

2 (Enem)

Pensando nas correntes e prestes a entrar no braço que deriva da Corrente do Golfo para o norte, lembrei-me de um vidro de café solúvel vazio. Coloquei no vidro uma nota cheia de zeros, uma bola cor rosa-choque. Anotei a posição e data: latitude 49° 49' N, longitude 23° 49' W. Tampei e joguei na água. Nunca imaginei que receberia uma carta com a foto de um menino norueguês, segurando a bolinha e a estranha nota.

KLINK, A. *Paratii*: entre dois polos. São Paulo: Companhia das Letras, 1998. Adaptado.

No texto, o autor anota sua coordenada geográfica, que é:

a) a relação que se estabelece entre as distâncias representadas no mapa e as distâncias reais da superfície cartografada.
b) o registro de que os paralelos são verticais e convergem para os polos, e os meridianos são círculos imaginários, horizontais e esquidistantes.
c) a informação de um conjunto de linhas imaginárias que permitem localizar um ponto ou acidente geográfico na superfície terrestre.
d) a latitude como distância em graus entre um ponto e o meridiano de Greenwich, e a longitude como a distância em graus entre um ponto e o Equador.
e) a forma de projeção cartográfica, usada para navegação, onde os meridianos e paralelos distorcem a superfície do planeta.

3 (Enem) Existem diferentes formas de representação plana da superfície da Terra (planisfério).

Os planisférios de Mercator e de Peters são atualmente os mais utilizados.

Apesar de usarem projeções, respectivamente, conforme e equivalente, ambas utilizam como base da projeção o modelo:

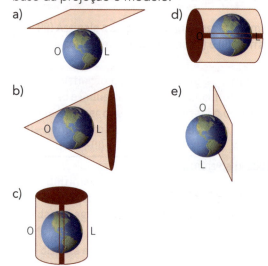

4 (Enem) O sistema de fusos horários foi proposto na Conferência Internacional do Meridiano, realizada em Washington, em 1884.

Cada fuso corresponde a uma faixa de 15° entre dois meridianos. O meridiano de Greenwich foi escolhido para ser a linha mediana do fuso zero. Passando-se um meridiano pela linha mediana de cada fuso, enumeram-se 12 fusos para leste e 12 fusos para oeste do fuso zero, obtendo-se, assim, os 24 fusos e o sistema de zonas de horas. Para cada fuso a leste do fuso zero, soma-se 1 hora, e, para cada fuso a oeste do fuso zero, subtrai-se 1 hora.

A partir da Lei nº 11.662/2008, o Brasil, que fica a oeste de Greenwich e tinha quatro fusos, passa a ter somente três fusos horários.

Em relação ao fuso zero, o Brasil abrange os fusos 2, 3 e 4. Por exemplo, Fernando de Noronha está no fuso 2, o estado do Amapá está no fuso 3 e o Acre, no fuso 4.

A cidade de Pequim, que sediou os XXIX Jogos Olímpicos de Verão, fica a leste de Greenwich, no fuso 8.

Considerando-se que a cerimônia de abertura dos jogos tenha ocorrido às 20h8min, no horário de Pequim, do dia 8 de agosto de 2008, a que horas os brasileiros que moram no estado do Amapá devem ter ligado seus televisores para assistir ao início da cerimônia de abertura?

a) 9h8min, do dia 8 de agosto.
b) 12h8min, do dia 8 de agosto.
c) 15h8min, do dia 8 de agosto.
d) 1h8min, do dia 9 de agosto.
e) 4h8min, do dia 9 de agosto.

Em casa

TEXTOS DE APOIO

Elementos de orientação

Pontos de referência

A necessidade de se deslocar pela superfície terrestre obrigou o ser humano a definir, ao longo da história, uma série de pontos de orientação ou de referência que indicam direções a seguir. Entre eles encontram-se os **cardeais** ou principais (norte, sul, leste e oeste) e os **colaterais** (nordeste, noroeste, sudeste e sudoeste).

Esses pontos de orientação, quando representados em um desenho, formam uma figura denominada rosa dos ventos.

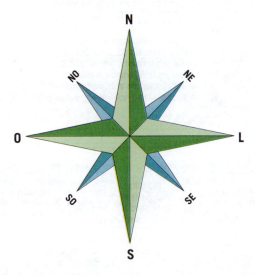

Os pontos cardeais norte e sul apontam para a **direção** ou **rumo** dos polos geográficos (respectivamente Norte e Sul) da Terra; leste e oeste apontam para o **lado** em que ocorre – aos olhos de um observador –, respectivamente, o nascente (nome dado ao lugar onde se verifica o "nascer do sol") e o poente (nome dado ao lugar onde se verifica o "pôr do sol").

Linhas imaginárias

As linhas imaginárias correspondem aos meridianos e paralelos traçados em uma representação cartográfica (como um mapa ou globo terrestre) para permitir a localização precisa de um ponto qualquer na superfície terrestre.

Os meridianos são semicírculos traçados sobre uma representação (mapa ou globo terrestre) de um polo a outro.

Qualquer um deles, com o seu meridiano oposto (ou antimeridiano), divide a Terra em duas partes iguais. Como todos os meridianos são iguais, o que divide a Terra nos hemisférios Leste (ou Oriental) e Oeste (ou Ocidental) foi escolhido em uma convenção realizada entre os países, no final do século XIX. Esse meridiano é chamado de Inicial, Principal ou de Greenwich (ver figura na página seguinte).

Os paralelos são círculos traçados sobre uma representação cartográfica da Terra (mapa ou globo terrestre) entre os polos e a linha do Equador, que é considerado o paralelo Principal, pois divide a Terra em dois hemisférios: o Norte (Setentrional ou Boreal) e Sul (Meridional ou Austral). Entre os demais paralelos destacam-se ainda, os que são usados como referência, para efeito de localização geográfica e definem as zonas climáticas existentes na superfície terrestre. Esses paralelos, como pode ser observado no mapa que mostra as zonas climáticas, são: o trópico de Câncer; o trópico de Capricórnio; o círculo glacial Ártico; e o círculo glacial Antártico.

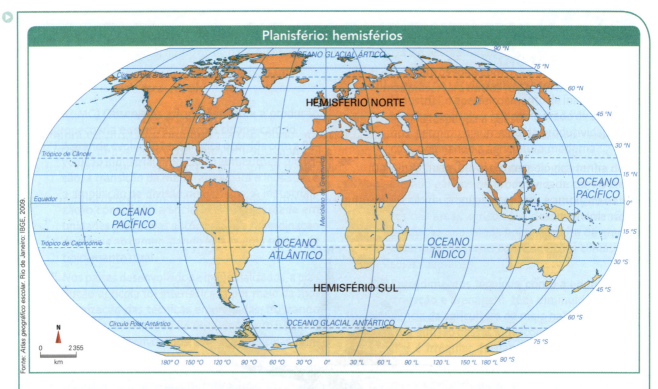

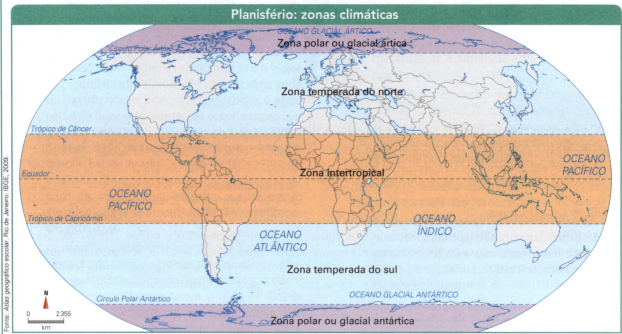

O Brasil, como se pode observar nos mapas acima, localiza-se a oeste do meridiano Inicial, portanto, no hemisfério Ocidental. O seu território é atravessado ao norte pelo Equador e ao sul pelo trópico de Capricórnio, o que determina que ele se localize em sua maior parte no hemisfério Sul e na zona climática intertropical, pois apenas uma pequena parte do seu território encontra-se no hemisfério Norte e na zona climática temperada do sul.

Coordenadas geográficas

As coordenadas geográficas correspondem à latitude e à longitude de um lugar. O conhecimento dessas informações permite que esse local seja localizado com precisão na superfície terrestre.

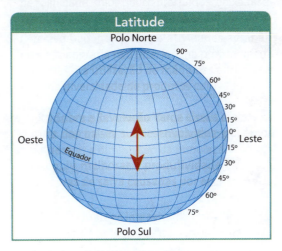 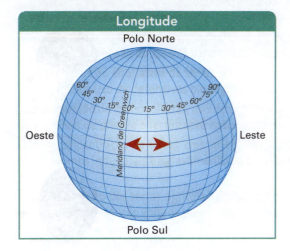

A latitude é a medida, em graus, do arco do meridiano que vai do Equador até o ponto que se deseja localizar, para norte ou para o sul. As latitudes variam de 0° no Equador até 90° em cada um dos polos (ver figura acima, à esquerda). Isso explica porque a latitude é sempre acompanhada da indicação do hemisfério em que se localiza: Norte (N) e Sul (S).

A longitude é a medida, em graus, do arco do paralelo que vai do meridiano de Greenwich até o ponto que se deseja localizar, para leste ou para oeste. As longitudes variam de 0° no meridiano de Greenwich até 180° nos hemisférios Leste e Oeste (ver figura acima, à direita). Por isso, a indicação da longitude de um ponto é sempre acompanhada do hemisfério onde se localiza – Leste (L ou E) e Oeste (O ou W).

Elementos da cartografia

Elementos do mapa: legendas e projeções

O processo de elaboração de uma representação cartográfica envolve o uso de uma série de elementos, entre os quais: escalas, legendas e projeções cartográficas.

A escala indica a relação entre as dimensões reais dos elementos na superfície terrestre e as dimensões representadas no mapa. Ela pode ser expressa de duas formas em uma representação cartográfica: numérica ou gráfica.

A escala numérica é sempre expressa no mapa por uma fração (exemplo: 1/1 000 000) ou por uma razão (exemplo 1:1 000 000). Isso significa que a unidade de comprimento (1) indicada na fração (ou na razão) equivale a 1 000 000 (um milhão) de vezes essa mesma unidade de medida representada no mapa.

A legenda é o elemento dos mapas que contém a explicação sumária do significado dos símbolos usados para representar diferentes feições naturais e artificiais da área que neles encontram-se representada. Existem diversos tipos de símbolos utilizados em um mapa: linhas, pontos, cores e desenhos. De modo geral: as linhas indicam fenômenos como rios, estradas, ferrovias e as divisas dos países; as cores servem para mostrar diferentes áreas: nos mapas de relevo, por exemplo, elas são utilizadas para realçar as altitudes nas áreas continentais, e as profundidades nas áreas oceânicas.

As projeções cartográficas são métodos e relações matemáticas usadas para projetar os pontos da superfície da curva terrestre, sobre uma superfície plana, destacando-se, entre as mais utilizadas, as realizadas sobre uma superfície: a cilíndrica; a cônica; e a plana (azimutal).

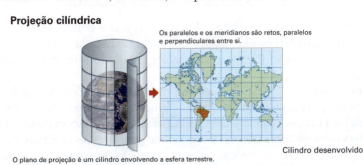

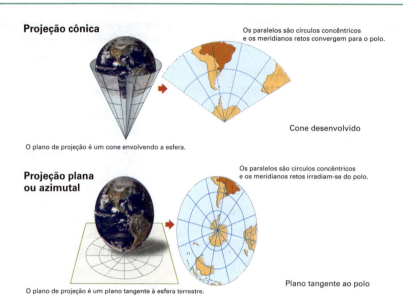

As projeções cilíndricas de Mercator e Peters

A projeção cilíndrica de Mercator (desenvolvida inicialmente pelo belga Gerhard Kremer, conhecido como Mercator, em 1569) é a projeção cilíndrica mais utilizada no processo de elaboração de mapas em todo o mundo.

Nesse tipo de mapa, os ângulos são preservados (isso explica porque eles são os mais usados como instrumento de orientação para navegação marítima), mas os tamanhos relativos dos objetos representados são distorcidos (veja o primeiro mapa a seguir).

Essa distorção aumenta com a latitude em que se encontra o objeto representado, o que determina que os objetos localizados em áreas de média e alta latitude pareçam ser bem maiores do que são na realidade.

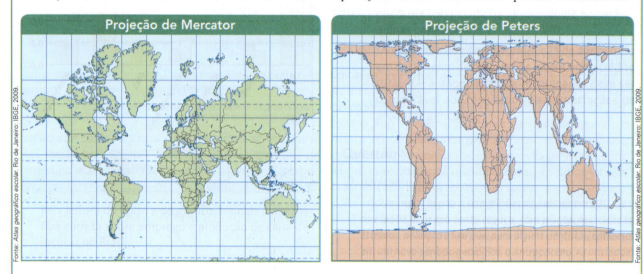

Segundo muitos analistas, a distorção relativa dos tamanhos dos continentes e, consequentemente, dos países nos mapas-múndi (planisférios) elaborados por meio do uso da projeção desenvolvida por Mercator funcionou, historicamente, como instrumento ideológico de dominação mundial por parte das grandes potências coloniais.

Ela fortalecia o eurocentrismo – ideia ou visão do mundo segundo a qual a Europa seria o elemento fundamental na constituição da sociedade moderna –, uma vez que valoriza a extensão territorial das antigas potências situadas na Europa, em uma área da superfície do nosso planeta relativamente distante da linha do Equador, em detrimento da extensão territorial de suas antigas colônias – situadas na América, na África e na Ásia –, que, como regra, estão localizadas em áreas relativamente próximas da linha do Equador.

A distorção nos mapas elaborados por meio da projeção de Mercator fez com que, nos anos de 1970, no contexto de um movimento político internacional voltado à valorização do poder do mundo subdesenvolvido, ocorresse a divulgação de um planisfério denominado "mapa do mundo solidário", elaborado pelo cartógrafo alemão Arno Peters (observe o mapa na página anterior). Nele preservam-se, em detrimento dos ângulos e formas dos objetos representados, os tamanhos relativos dos continentes, o que resultou na valorização da área dos países subdesenvolvidos. Como a maior parte deles está em áreas de baixa latitude, nos mapas de Mercator eles pareciam ser bem menores do que realmente são.

Paralelamente à divulgação do mapa-múndi elaborado por Peters, ganham exposição as representações cartográficas que colocam o hemisfério Sul acima do Norte, invertendo a representação tradicional. Essa inversão não compromete a informação cartográfica e valoriza os países localizados ao sul das áreas em que está a maior parte dos países desenvolvidos.

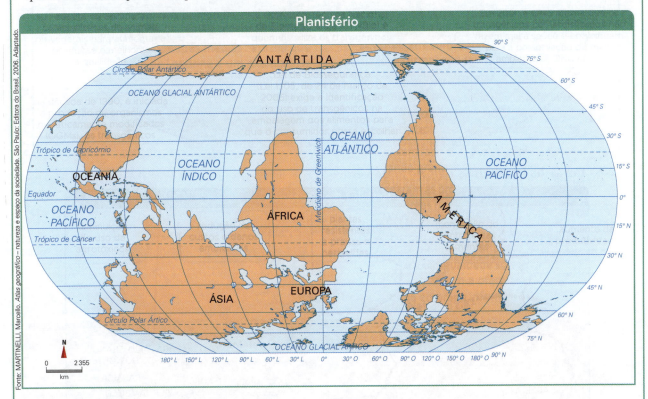

Fonte: MARTINELLI, Marcello. Atlas geográfico – natureza e espaço da sociedade. São Paulo: Editora do Brasil, 2006. Adaptado.

Fusos horários

Sistema de fusos horários

O movimento de rotação da Terra se dá de oeste para leste em um período aproximado de 24 horas. Esse movimento é responsável pela sucessão dos dias e das noites e, consequentemente, pela existência, na superfície terrestre, de lugares com horas diferenciadas. No século XIX, com o grande desenvolvimento dos transportes, das comunicações e do comércio entre os diferentes locais do globo terrestre, surgiu a necessidade de padronizar as horas.

Assim, em 1884, foi realizada uma conferência na cidade de Washington, nos Estados Unidos, com o intuito de estabelecer um padrão mundial para as horas. O encontro resultou na definição do sistema de fusos horários que usamos atualmente. Esse sistema reconheceu a existência de 24 fusos horários de mesmo tamanho na superfície terrestre, cada um medido 15° – número obtido pela divisão da medida em graus da circunferência da Terra (360°) por 24, e definiu como fuso inicial, ou de referência, para o cálculo das horas aquele que é atravessado ao meio pelo meridiano Inicial (0°) ou de Greenwich.

Por causa do movimento de rotação da Terra, os 12 fusos horários localizados a oeste do meridiano de Greenwich apresentam horários atrasados em relação ao fuso inicial, ocorrendo o contrário com os 12 fusos horários localizados a leste.

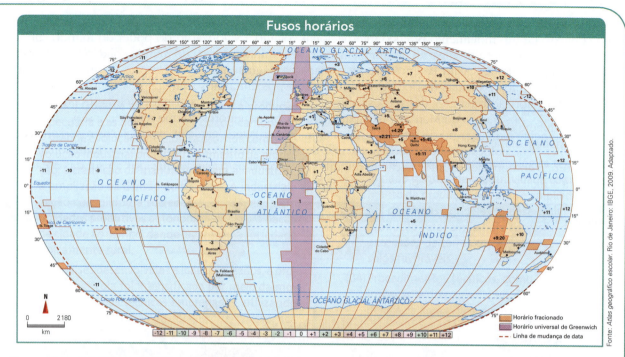

Fusos horários brasileiros e horário de verão

Como o Brasil apresenta grande extensão longitudinal (leste-oeste), constatamos a existência de três fusos horários em seu território. Por estar totalmente situado no hemisfério Ocidental, o país apresenta fusos com as horas legais atrasadas em relação ao fuso inicial ou de Greenwich. Observe no mapa da página anterior a abrangência de cada um dos fusos brasileiros, tomando como referência a hora de Greenwich.

A vigência do horário de verão no território brasileiro ocorre nas regiões Sul, Sudeste e Centro-Oeste, em que se verificam expressivas diferenças entre a duração dos dias e das noites. Instituir o horário de verão em um país é adiantar as horas vigentes em seu território em uma hora. Com isso, aproveita-se a luz natural por mais tempo durante o período em que ele é implantado (primavera/verão). Essa medida resulta na diminuição do consumo de energia elétrica nessas regiões, especialmente entre as 18 e as 21 horas, quando ocorre o que se denomina pico de consumo de energia.

Site recomendado

Visite o *site* <http://fisica.ufpr.br/viana/ensaios/data.pdf> (acesso em: 25 mar. 2013).

Nele você encontra informações sobre os fusos horários no mundo, relacionadas, especialmente, com a questão da definição da Linha Internacional da Data (LID).

1 (Enem) Leia o texto a seguir.

O jardim de caminhos que se bifurcam

[...] Uma lâmpada aclarava a plataforma, mas os rostos dos meninos ficavam na sombra. Um me perguntou: O senhor vai à casa do Dr. Stephen Albert? Sem aguardar resposta, outro disse: A casa fica longe daqui, mas o senhor não se perderá se tomar esse caminho à esquerda e se em cada encruzilhada do caminho dobrar à esquerda.

BORGES, J. *Ficções*. Rio de Janeiro: Globo, 1997. p. 96. Adaptado.

Quanto à cena descrita, considere que:
I. o sol nasce à direita dos meninos;
II. o senhor seguiu o conselho dos meninos, tendo encontrado duas encruzilhadas até a casa.

Concluiu-se que o senhor caminhou, respectivamente, nos sentidos:
a) oeste, sul e leste.
b) leste, sul e oeste.
c) oeste, norte e leste.
d) leste, norte e oeste.
e) leste, norte e sul.

2 Observe o mapa:

Com base na observação do mapa, é possível dizer que qualquer lugar localizado no território brasileiro apresenta:
a) latitude oeste.
b) longitude leste.
c) latitude norte.
d) longitude oeste.
e) latitude sul.

3 (Enem) O desenho do artista uruguaio Joaquín Torres-García trabalha com uma representação diferente da usual da América Latina. Em artigo publicado em 1941, em que apresenta a imagem e trata do assunto, Joaquín afirma:

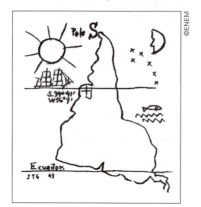

Quem e com que interesse dita o que é o norte e o sul? Defendo a chamada Escola do Sul porque na realidade, nosso norte é o sul. Não deve haver norte, senão em oposição ao nosso sul. Por isso colocamos o mapa ao revés, desde já, e então teremos a justa ideia de nossa posição, e não como querem no resto do mundo. A ponta da América assinala insistentemente o sul, nosso norte.

TORRES-GARCÍA, J. *Universalismo constructivo*.
Buenos Aires: Poseidón, 1941. Adaptado.

O referido autor, no texto e imagem acima:

a) privilegiou a visão dos colonizadores da América.
b) questionou as noções eurocêntricas sobre o mundo.
c) resgatou a imagem da América como centro do mundo.
d) defendeu a Doutrina Monroe expressa no lema "América para os americanos".
e) propôs que o sul fosse chamado de norte e vice-versa.

4 (Enem) Entre outubro e fevereiro, a cada ano, em alguns estados das regiões Sul, Sudeste e Centro-Oeste, os relógios permanecem adiantados em uma hora, passando a vigorar o chamado horário de verão. Essa medida que se repete todos os anos visa:

a) promover a economia de energia, permitindo um melhor aproveitamento do período de iluminação natural do dia, que é maior nessa época do ano.
b) diminuir o consumo de energia em todas as horas do dia, propiciando uma melhor distribuição da demanda entre o período da manhã e da tarde.
c) adequar o sistema de abastecimento das barragens hidrelétricas ao regime de chuvas, abundantes nessa época do ano nas regiões que adotam esse horário.
d) incentivar o turismo, permitindo um melhor aproveitamento do período da tarde, horário em que os bares e restaurantes são mais frequentados.
e) responder a uma exigência das indústrias, possibilitando que elas realizem um melhor escalonamento das férias de seus funcionários.

AULA 2

Competência 2 Compreender as transformações dos espaços geográficos como produto das relações socioeconômicas e culturais de poder.

Habilidade 10 Reconhecer a dinâmica da organização dos movimentos sociais e a importância da participação da coletividade na transformação da realidade histórico-geográfica.

Em classe

DINÂMICA DA POPULAÇÃO: DISTRIBUIÇÃO E CRESCIMENTO

Principais conceitos demográficos

- População absoluta.
- População relativa.

Causas e consequências do crescimento populacional

- Crescimento da população.
- Teorias do crescimento da população.
- Diminuição da taxa de crescimento vegetativo.

1 (Enem) Informações para as questões 1 e 2.

Nos últimos anos, ocorreu redução gradativa da taxa de crescimento populacional em quase todos os continentes. A seguir, são apresentados dados relativos aos países mais populosos em 2000 e também as projeções para 2050.

Fonte: <www.ibge.gov.br>.

Com base nas informações anteriores, é correto afirmar que, no período de 2000 a 2050:
a) a taxa de crescimento populacional da China será negativa.
b) a população do Brasil duplicará.
c) a taxa de crescimento da população da Indonésia será menor que a dos Estados Unidos.
d) a população do Paquistão crescerá mais de 100%.
e) a China será o país com a maior taxa de crescimento populacional do mundo.

2 Com base nas informações dos gráficos mostrados, suponha que, no período 2050-2100, a taxa de crescimento populacional da Índia seja a mesma projetada para o período 2000-2050. Sendo assim, no início do século XXII, a população da Índia, em bilhões de habitantes, será:
a) inferior a 2,0.
b) superior a 2,0 e inferior a 2,1.
c) superior a 2,1 e inferior a 2,2.
d) superior a 2,2 e inferior a 2,3.
e) superior a 2,3.

Caderno do Enem **15**

3 (Enem) O quadro a seguir mostra a taxa de crescimento natural da população brasileira no século XX.

Período	Taxa anual média de crescimento natural (%)
1920-1940	1,90
1940-1950	2,40
1950-1960	2,99
1960-1970	2,89
1970-1980	2,48
1980-1991	1,93
1991-2000	1,64

Fonte: IBGE, *Anuários estatísticos do Brasil.*

Analisando os dados, podemos caracterizar o período entre:
a) 1920 e 1960 como de crescimento do planejamento familiar.
b) 1950 e 1970 como de nítida explosão demográfica.
c) 1960 e 1980 como de crescimento da taxa de fertilidade.
d) 1970 e 1990 como de decréscimo da densidade demográfica.
e) 1980 e 2000 como de estabilização do crescimento demográfico.

4 (Enem) Com base na tabela anterior, é correto afirmar que **a população brasileira**:
a) apresentou crescimento percentual menor nas últimas décadas.
b) apresentou crescimento percentual maior nas últimas décadas.
c) decresceu em valores absolutos nas cinco últimas décadas.
d) apresentou apenas uma pequena queda entre 1950 e 1980.
e) permaneceu praticamente inalterada desde 1950.

Em casa

TEXTOS DE APOIO

Principais conceitos demográficos

A população absoluta

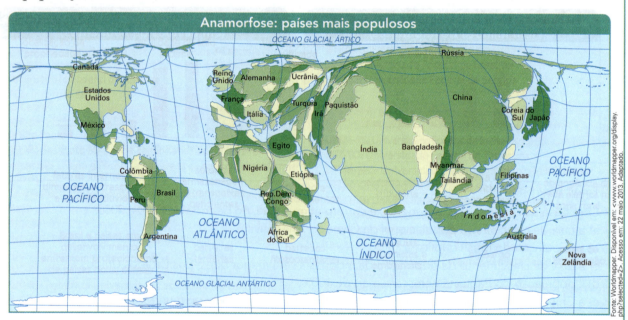

A população absoluta (número total de habitantes) do mundo atual é de aproximadamente 7 bilhões de pessoas. Os dois países mais populosos, ou de maior número de habitantes, do planeta são a China e a Índia. Juntos, eles possuem cerca de 2,4 bilhões de habitantes, valor equivalente a 40% da população mundial.

A população absoluta do Brasil, segundo o Censo 2010, é de aproximadamente 193 milhões de habitantes. Isto faz do país uma das cinco nações mais populosas do mundo (China, Índia, Estados Unidos, Indonésia e Brasil).

A população relativa

A população relativa (ou densidade demográfica) é o produto da divisão da população absoluta de determinada área por sua extensão territorial. Os espaços geográficos com **elevada densidade demográfica** são qualificados como **muito povoados**. Já os locais com **densidade demográfica muito baixa** são considerados espaços geográficos **pouco povoados**.

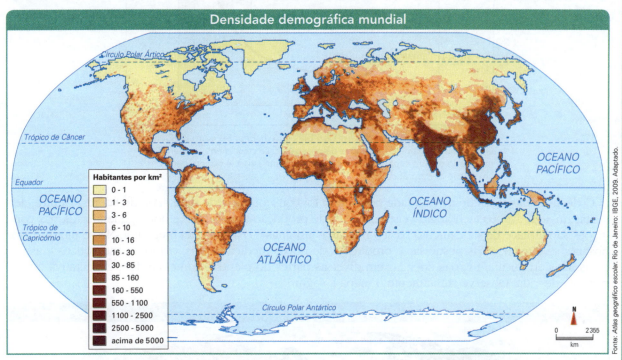

O mapa acima mostra diferentes índices de densidade demográfica no mundo. Em certos espaços geográficos ela é superior a 5 mil habitantes por quilômetro quadrado, em outros locais ela é inferior a 1. A maior ou menor concentração humana ocorre em função de diversos fatores, entre eles os aspectos naturais e os processos histórico-econômicos.

A população relativa do Brasil é de aproximadamente 21 habitantes por quilômetro quadrado, por isso ele é considerado um país pouco povoado.

Causas e consequências do crescimento populacional

Crescimento da população

Até o século XIX, o crescimento da população mundial (crescimento vegetativo) era relativamente baixo, devido às elevadas taxas de natalidade e de mortalidade. A ocorrência de altos índices de óbitos era decorrente, em linhas gerais, do fato de a grande maioria dos países apresentar uma estrutura produtiva frágil, principalmente em relação ao fluxo comercial de gêneros alimentícios e das precárias condições sanitárias e de saneamento básico. Além disso, os escassos recursos médicos favoreciam a ocorrência, em várias partes do mundo, de frequentes catástrofes sociais, como fomes e pestes coletivas.

Ao longo dos séculos XIX e XX, as taxas de mortalidade passaram a declinar de forma mais acentuada do que as de natalidade, o que potencializou a elevação do crescimento natural ou vegetativo da população mundial. O fenômeno ocorreu inicialmente nos países que primeiro se industrializaram – e que hoje integram o bloco de países desenvolvidos – e, a partir de 1850, acentuou-se de forma mais expressiva no interior dessas nações. Posteriormente, o mesmo processo passou a ocorrer nos países de industrialização tardia. Atualmente, parte dessas nações integra o grupo dos países subdesenvolvidos.

Em 1850 a população mundial era de 1 bilhão de habitantes e em 2012 ela já ultrapassava a marca de 7 bilhões de pessoas. Esse crescimento acelerado, registrado em um espaço de tempo relativamente curto, é denominado "explosão demográfica".

O declínio das taxas de mortalidade no mundo foi consequência de uma série de fatores. Dentre eles destacam-se o avanço tecnológico visto no setor de produção agrária, a melhoria generalizada nas condições sanitárias e de saneamento básico nas áreas urbanas e o avanço da medicina. Nesse último caso, observa-se o avanço nas pesquisas e produções de novos medicamentos, como os antibióticos e as vacinas. Elas erradicaram várias doenças em diversas partes do planeta, aumentando a expectativa ou esperança de vida. Observe atentamente o mapa a seguir:

A esperança ou expectativa de vida (tempo médio de vida de um ser humano, mediante suas condições sociais e econômicas) é mais baixa em países subdesenvolvidos se comparada aos índices registrados nos países desenvolvidos. Isso acontece porque as condições de saúde da maioria dos países subdesenvolvidos são mais precárias do que as dos países desenvolvidos.

A mesma diferença é vista em relação aos índices de mortalidade infantil, como demonstra o mapa a seguir:

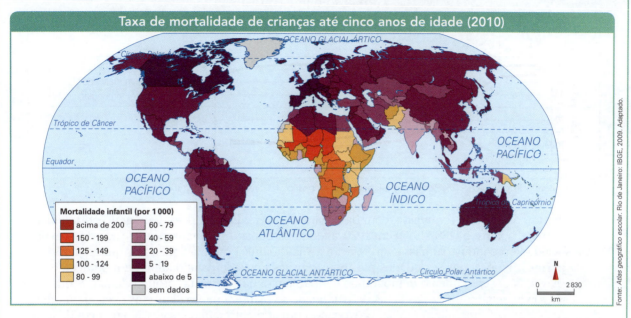

Apesar de as taxas de mortalidade terem declinado de forma acentuada nos países subdesenvolvidos, América Latina, África e Sudeste Asiático ainda mantêm índices expressivos de óbitos. Isso pode ser demonstrado, por exemplo, por meio das taxas de mortalidade infantil (número de crianças que morrem antes de completar um ano de idade). Elas são mais elevadas em países pobres por causa da desnutrição e das precárias condições de saúde e assistência médico-hospitalar dessas nações.

Teorias do crescimento da população

A questão do crescimento populacional tem sido motivo de grande controvérsia no campo de estudo das Ciências Humanas, especialmente a partir do final do século XVIII, com a publicação de uma das obras mais discutidas sobre o assunto: *Ensaio sobre o princípio da população*, do pastor anglicano inglês Thomas Robert Malthus (1766-1834).

Nessa obra, Malthus tenta demonstrar que o ritmo de crescimento da produção de alimentos no mundo era muito inferior ao ritmo de crescimento da população mundial. De acordo com ele, tal situação, se não fosse revertida, acarretaria o agravamento da questão da pobreza e da fome no mundo.

Ainda segundo Malthus, a única forma de evitar que isso ocorresse seria por meio da divulgação do controle da natalidade entre as camadas mais pobres da população, usando-se como "método contraceptivo" a abstenção sexual. Essas ideias foram bastante questionadas, sobretudo por desprezarem a capacidade tecnológica de expansão da produção agrícola e, dessa forma, de alimentos no mundo e, também, a possibilidade de mudanças na estrutura da sociedade.

Com a explosão demográfica registrada nos países subdesenvolvidos no século XX, a teoria de Malthus, revestida de novas ideias, voltou a ganhar adeptos no mundo e foi renomeada como neomalthusiana. Segundo seus defensores, o crescimento populacional acelerado é responsável em grande parte pelos problemas políticos, sociais e econômicos no interior dos países pobres.

Essa teoria, como a malthusiana, foi e tem sido muito questionada, especialmente pelos adeptos da escola reformista, que defendem a ideia de que os problemas sociais e econômicos dos países pobres não são decorrentes do crescimento populacional acelerado, mas de uma série de causas históricas, que resultaram de políticas voltadas ao atendimento dos interesses de uma minoria privilegiada, em detrimento da maioria da população.

Atualmente, a polêmica entre os defensores neomalthusianos e reformistas ganhou outros contornos em decorrência, sobretudo, de um grande número de países subdesenvolvidos estar consolidando, como já havia acontecido na grande maioria dos países desenvolvidos, sua transição demográfica e apresentando uma desaceleração do crescimento populacional. Isso acontece porque muitos países, entre os quais o Brasil, já estão completando a última etapa de transição demográfica (veja boxe a seguir).

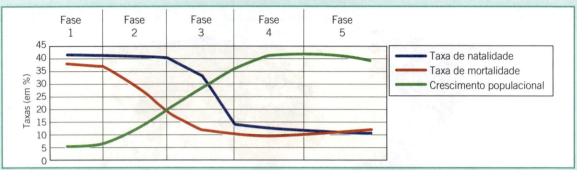

Disponível em: <http://upload.wikimedia.org/wikipedia/commons/c/c1/Transicion_demografica.png>.
Acesso em: 25 mar. 2013.

Na década de 1940 foi formulada, com base em estudos realizados pelo demógrafo norte-americano Warren Thompson (1887-1973) em 1929, a teoria da transição demográfica. De acordo com ela, uma sociedade pré-industrial passa, em relação a sua dinâmica populacional, por quatro fases.

Na **primeira**, típica das sociedades pré-industriais, as taxas de natalidade e de mortalidade são muito elevadas e o crescimento demográfico é muito lento; na **segunda**, própria de países em vias de desenvolvimento industrial, as taxas de natalidade se mantêm muito altas e as taxas de mortalidade declinam de forma muito rápida, provocando um aumento muito expressivo na taxa de crescimento demográfico; na **terceira** fase, típica dos países que apresentam uma grande expansão urbano-industrial, tanto a taxa de natalidade como a de mortalidade declinam, determinando que o crescimento demográfico permaneça em patamares elevados; na **quarta**, a das sociedades pós-industriais, as taxas de mortalidade e de natalidade se mantêm em patamares muito baixos, determinando que o crescimento demográfico volte a ser muito lento.

Como alguns países já apresentam nos dias de hoje crescimentos naturais ou vegetativos negativos (Alemanha e Itália, por exemplo) costuma-se acrescentar, para efeito de análise da dinâmica demográfica, uma **quinta** fase (veja gráfico acima) a essa teoria, na qual a taxa de natalidade é inferior à taxa de mortalidade.

Diminuição da taxa de crescimento vegetativo

A taxa de crescimento natural ou vegetativo da população mundial vem diminuindo nas últimas décadas, como resultado da diminuição da taxa de fecundidade ou de fertilidade (número de filhos médio por mulher) na grande maioria dos países. Isso determinou que a taxa de natalidade mundial, nesse período, declinasse de forma mais acentuada do que a de mortalidade mundial e, consequentemente, que a taxa de crescimento natural ou vegetativo da população mundial declinasse de maneira muito expressiva.

No Brasil as taxas de fecundidade da mulher brasileira começaram a declinar, de forma bastante expressiva, tanto na área urbana quanto na rural, no início dos anos 1970, o que determinou que a taxa de natalidade no país sofresse uma queda acentuada até os dias atuais. Em 1970, ela girava em torno de 5,8% (ou seja, nesse ano verificavam-se, em média, 5,8 nascimentos para cada grupo de cem habitantes), enquanto em 2007, ela era de 1,9%. Portanto, em um período de cerca de 40 anos, constatou-se um declínio relativo da fecundidade no país da ordem de 50%, cujos reflexos, foram constatados em todos os níveis da estrutura da população brasileira. Em linhas gerais, pode-se dizer que ao longo dos anos de 1980 e 2000, o Brasil consolidou a sua transição demográfica.

Disponível em: <www.census.gov/population/international/data/idb/worldgrgraph.php>.
Acesso em: 25 mar. 2013.

Fonte: IBGE. Disponível em: <www.ibge.gov.br/ibgeteenl/pesquisas/fecudidade.htm#anc1>. Acesso em: 15 maio 2013.

O fenômeno do declínio das taxas de fecundidade e, consequentemente, das taxas de natalidade nas últimas décadas é resultado, sobretudo, da difusão em massa – em todo o mundo – dos métodos anti-concepcionais (como as pílulas e os preservativos) e, evidentemente, das transformações ocorridas, primeiro, nos países desenvolvidos e, posteriormente, nos países subdesenvolvidos.

A diminuição da taxa de fecundidade no mundo de forma generalizada ocorreu por decisão tomada de forma espontânea na maior parte do mundo e por motivos muito variados. Entre esses motivos costuma-se destacar: a disponibilidade no âmbito da sociedade de métodos contraceptivos efetivos; o desejo explícito de casais de controlar a fecundidade – por meio de uma decisão consciente e racional – por enxergarem nessa medida um benefício ou vantagem. Vantagens estas relacionadas às transformações que estão ocorrendo no mundo todo frente a uma série de questões de natureza social e econômica, como a elevação do custo de criação dos filhos, resultante dos novos padrões de consumo impostos à população nas áreas urbanas.

Essas imposições abrangem exigências materiais e não materiais, vinculadas à saúde e à formação educacional das crianças, à participação cada vez maior da mulher no mercado de trabalho – o que faz com que, muitas vezes, a ideia de ter filhos seja adiada, já que tê-los significa, entre outros fatores, o agravamento da questão da dupla jornada de trabalho (o serviço da empresa durante o dia e o de casa durante a noite) e o aumento de dificuldades para desenvolver sua carreira profissional.

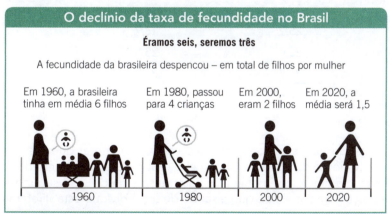

Fonte: COHEN, David. *Revista Época*. 25 maio 2009. Disponível em: <http://4.bp.blogspot.com/-EMPvNYWZZN0/TgcIB_ITyQI/AAAAAAAABhE/WFpxgbECG9w/s1600/image003.png>. Acesso em: 25 mar. 2013.

Site recomendado

No *site* <www.ibge.gov.br> você encontra informações detalhadas sobre vários aspectos do Brasil, inclusive de sua população.

1 (Enem) A tabela a seguir apresenta dados relativos a cinco países.

País	Saneamento básico (em %)		Taxa de mortalidade infantil (por mil)		
^	Esgotamento sanitário adequado	Abastecimento de água	Anos de permanência das mães na escola		
^	^	^	Até 3	De 4 a 7	8 ou mais
I	33	47	45,1	29,6	21,4
II	36	65	70,3	41,2	28,0
III	81	88	34,8	27,4	17,7
IV	62	79	33,9	22,5	16,4
V	40	73	37,9	25,1	19,3

Com base nessas informações, infere-se que:

a) a educação tem relação direta com a saúde, visto que é menor a mortalidade de filhos cujas mães possuem maior nível de escolaridade, mesmo em países onde o saneamento básico é precário.
b) o nível de escolaridade das mães tem influência na saúde dos filhos, desde que, no país em que eles residam, o abastecimento de água favoreça, pelo menos, 50% da população.
c) a intensificação da educação de jovens e adultos e a ampliação do saneamento básico são medidas suficientes para se reduzir a zero a mortalidade infantil.
d) mais crianças são acometidas pela diarreia no país III do que no país II.
e) a taxa de mortalidade infantil é diretamente proporcional.

2 (Enem) A tabela a seguir apresenta dados referentes à mortalidade infantil, à porcentagem de famílias de baixa renda com crianças menores de 6 anos e às taxas de analfabetismo das diferentes regiões brasileiras e do Brasil como um todo.

Regiões do Brasil	Mortalidade infantil*	Famílias de baixa renda com crianças menores de 6 anos (em %)	Taxas de analfabetismo entre maiores de 15 anos (em %)
Norte	35,6	34,5	12,7
Nordeste	59,0	54,9	29,4
Sul	22,5	22,4	8,3
Sudeste	25,2	18,9	8,6
Centro-Oeste	25,4	25,5	12,4
Brasil	36,7	31,8	14,7

*A mortalidade indica o número de crianças que morrem antes de completar um ano de idade para cada grupo de 1 000 crianças que nasceram vivas.
Fonte: *Folha de S.Paulo*, 11 mar. 1999.

Suponha que um grupo de alunos recebeu a tarefa de pesquisar fatores que interferem na manutenção da saúde ou no desenvolvimento de doenças. O primeiro grupo deveria colher dados que apoiassem a ideia de que combater agentes biológicos e químicos garante-se a saúde. Já o segundo grupo deveria coletar informações que reforçassem a ideia de que a saúde de um indivíduo está diretamente relacionada à sua condição socioeconômica.

Os dados da tabela podem ser utilizados apropriadamente para:

a) apoiar apenas a argumentação do primeiro grupo.
b) apoiar apenas a argumentação do segundo grupo.
c) refutar apenas a posição a ser defendida pelo segundo grupo.
d) apoiar a argumentação dos dois grupos.
e) refutar as posições a serem defendidas pelos dois grupos.

3 (Enem) Os dados da tabela mostram uma tendência de diminuição, no Brasil, do número de filhos por mulher.

Evolução das taxas de fecundidade	
Época	Número de filhos por mulher
Século XIX	7
1960	6,2
1980	4,01
1991	2,9
1996	2,32

Fonte: IBGE. Contagem da população de 1996.

Dentre as alternativas, a que melhor explica essa tendência é:
a) eficiência da política demográfica oficial por meio de campanhas publicitárias.
b) introdução de legislações específicas que desestimulam casamentos precoces.
c) mudança na legislação que normatiza as relações de trabalho, suspendendo incentivos para trabalhadoras com mais de dois filhos.
d) aumento significativo de esterilidade decorrente de fatores ambientais.
e) maior esclarecimento da população e maior participação feminina no mercado de trabalho.

4 (Enem) De acordo com reportagem sobre resultados recentes de estudos populacionais:

[...] a população mundial deverá ser de 9,3 bilhões de pessoas em 2050. Ou seja, será 50% maior que os 6,1 bilhões de meados do ano 2000. [...] Essas são as principais conclusões do relatório Perspectivas da População Mundial – Revisão 2000, preparado pela Organização das Nações Unidas (ONU). [...] Apenas seis países respondem por quase metade desse aumento: Índia (21%), China (12%), Paquistão (5%), Nigéria (4%), Bangladesh (4%) e Indonésia (3%).

Esses elevados índices de expansão contrastam com os dos países mais desenvolvidos. Em 2000, por exemplo, a população da União Europeia teve um aumento de 343 mil pessoas, enquanto a Índia alcançou esse mesmo crescimento na primeira semana de 2001. [...]

Os Estados Unidos serão uma exceção no grupo dos países desenvolvidos. O país se tornará o único desenvolvido entre os 20 mais populosos do mundo.

Fonte: *O Estado de S. Paulo*, 3 mar. 2001.

Considerando as causas determinantes de crescimento populacional, pode-se afirmar que:
a) na Europa, altas taxas de crescimento vegetativo explicam o seu crescimento populacional em 2000.
b) nos países citados, baixas taxas de mortalidade infantil e aumento da expectativa de vida são as responsáveis pela tendência de crescimento populacional.
c) nos Estados Unidos, a atração migratória representa um importante fator que poderá colocá-lo entre os países mais populosos do mundo.
d) nos países citados, altos índices de desenvolvimento humano explicam suas altas taxas de natalidade.
e) nos países asiáticos e africanos, as condições de vida favorecem a reprodução humana.

Anotações

AULA 3

Competência 4 Entender as transformações técnicas e tecnológicas e seu impacto nos processos de produção, no desenvolvimento do conhecimento e na vida social.

Habilidade 16 Identificar registros sobre o papel das técnicas e tecnologias na organização do trabalho e/ou da vida social.

Em classe

ESTRUTURA DEMOGRÁFICA

Estrutura demográfica – sexo e idade

Pirâmides etárias

Estrutura ativa da população

1 (Enem) Em reportagem sobre crescimento da população brasileira, uma revista de divulgação científica publicou uma tabela com a participação relativa de grupos etários na população brasileira, no período de 1970 a 2050 (projeção), em três faixas de idade: abaixo de 15 anos; entre 15 e 65 anos; e acima de 65 anos.

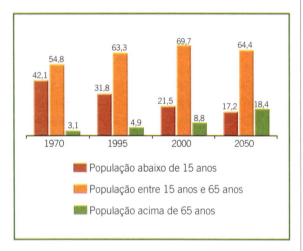

Admitindo-se que o título da reportagem se refira ao grupo etário cuja população cresceu sempre, ao longo do período registrado, um título adequado poderia ser:

a) "O Brasil de fraldas"
b) "Brasil: ainda um país de adolescentes"
c) "O Brasil chega à idade adulta"
d) "O Brasil troca a escola pela fábrica"
e) "O Brasil de cabelos brancos"

2 (Enem)

Um fenômeno importante que vem ocorrendo nas últimas quatro décadas é o baixo crescimento populacional na Europa, principalmente em alguns países como Alemanha e Áustria, onde houve uma brusca queda na taxa de natalidade. Esse fenômeno é especialmente preocupante pelo fato de a maioria desses países já ter chegado a um índice inferior ao "nível de renovação da população", estimado em 2,1 filhos por mulher. A diminuição da natalidade europeia tem várias causas, algumas de caráter demográfico, outras de caráter cultural e socioeconômico.

OLIVEIRA, P. S. *Introdução à Sociologia*.
São Paulo: Ática, 2004. Adaptado.

As tendências populacionais nesses países estão relacionadas a uma transformação:

a) na estrutura familiar dessas sociedades, impactada por mudanças nos projetos de vida das novas gerações.
b) no comportamento das mulheres mais jovens, que têm imposto seus planos de maternidade aos homens.
c) no número de casamentos, que cresceu nos últimos anos, reforçando a estrutura familiar tradicional.
d) no fornecimento de pensões de aposentadoria, em queda diante de uma população de maioria jovem.
e) na taxa de mortalidade infantil europeia, em contínua ascensão, decorrente de pandemias na primeira infância.

3 (Enem) Observe os gráficos:

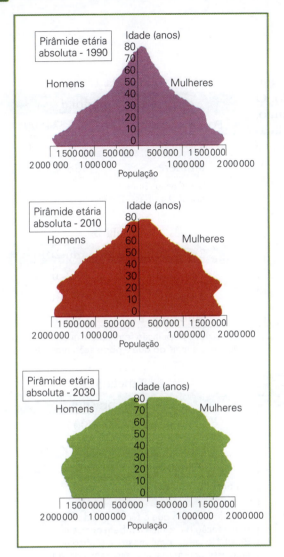

A partir da comparação da pirâmide etária relativa a 1990 com as projeções para 2030 e considerando-se os processos de formação socioeconômica da população brasileira, é correto afirmar que:

a) a expectativa de vida do brasileiro tende a aumentar à medida que melhoram as condições de vida da população.

b) a população do país tende a diminuir à medida que a taxa de mortalidade diminui.

c) a taxa de mortalidade infantil tende a aumentar à medida que aumenta o índice de desenvolvimento humano.

d) a necessidade de investimentos no setor de saúde tende a diminuir à medida que aumenta a população idosa.

e) o nível de instrução da população tende a diminuir à medida que diminui a população.

4 (Enem)

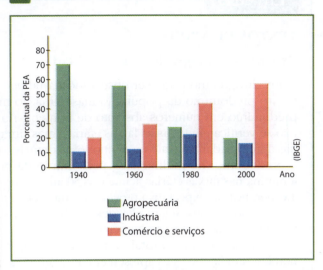

A distribuição da População Economicamente Ativa (PEA) no Brasil variou muito ao longo do século XX. O gráfico representa a distribuição por setores de atividades (em %) da PEA brasileira em diferentes décadas. As transformações socioeconômicas ocorridas ao longo do século XX, no Brasil, mudaram a distribuição dos postos de trabalho do setor:

a) agropecuário para o industrial, em virtude da queda acentuada na produção agrícola.

b) industrial para o agropecuário, como consequência do aumento do subemprego nos centros urbanos.

c) comercial e de serviços para o industrial, como consequência do desemprego estrutural.

d) agropecuário para o industrial e para o de comércio e serviços, por conta da urbanização e do avanço tecnológico.

e) comercial e de serviços para o agropecuário, em virtude do crescimento da produção destinada à exportação.

Anotações

Em casa

TEXTOS DE APOIO

Estrutura demográfica – sexo e idade

Em 2012, como pode ser observado na tabela 1, há um ligeiro predomínio da população masculina no mundo. O predomínio em números absoluto de homens, no entanto, não se verifica em todas as faixas etárias, mas sim nas situadas aproximadamente até os 49 anos. Nas demais, verifica-se o predomínio das mulheres. O predomínio da população feminina nas faixas etárias acima dos 50 anos ocorre porque a esperança ou expectativa de vida das mulheres, na grande maioria dos países, sejam eles desenvolvidos ou subdesenvolvidos, é superior a dos homens.

No Brasil, o número total de mulheres é superior ao de homens, ainda que estes apresentem um número superior de nascimentos. Em 2010 havia no país 95,6 homens para cada 100 mulheres. Dessa forma, existiam cerca de 3,9 milhões de mulheres a mais do que homens.

Em 2010, a esperança de vida ao nascer no Brasil era de 73,48 anos. A de homens era de 69,73 anos e a de mulheres, 77,32 anos, uma diferença de 7,59 anos.

Tabela 1

População mundial	
População total	7 023 324 899
Homens	3 534 797 376
Mulheres	3 488 527 523

Fonte: U.S. Census Bureau. *International Data Base*, 2012.

Tabela 2

Expectativa de vida em 2010	
Mundial	67,2 anos
Homens	65 anos
Mulheres	69,5 anos

Em 2010, a população feminina vivia em média 4,5 anos a mais do que a população masculina.

Esperança de vida ao nascer, estimadas e projetadas 1980-2100

(Gráfico: ambos os sexos, homens, mulheres – 1970 a 2100)

Fonte: IBGE

Tabela 3

População brasileira	
Total	190 732 694
Homens	93 390 532
Mulheres	97 342 162

Fonte: IBGE, 2012.

O gráfico mostra que o fenômeno da feminização da velhice também ocorre no Brasil. No caso, como mostra o gráfico ao lado, isso ocorre graças à esperança de vida da população feminina no país ser bem mais elevada do que a dos homens.

A estrutura etária da população mundial e também da população brasileira vêm sofrendo alterações nas últimas décadas. Ambas estão envelhecendo, uma vez que a participação relativa de adultos e idosos no total da população está aumentando, como resultado do declínio da fecundidade, da natalidade e do aumento da esperança de vida que está ocorrendo na grande maioria dos países do mundo.

No entanto, é nos países desenvolvidos que a participação relativa dos idosos e adultos no total da população é mais elevada. Esse dado se explica pelas taxas de natalidade mais baixas e pela esperança de vida mais elevada nos países desenvolvidos se comparadas com a maioria dos países subdesenvolvidos.

O fato de os países subdesenvolvidos e desenvolvidos apresentarem contrastes marcantes quanto à estrutura etária de seus habitantes traz uma série de implicações sociais e econômicas para ambos os grupos. Isso faz com que:

- nos países subdesenvolvidos, se verifique a necessidade de realização de investimentos de grande porte em setores sociais direcionados ao atendimento das necessidades da população infantojuvenil, principalmente no campo da saúde e da educação;
- nos países desenvolvidos, se verifique a necessidade de realização de investimentos de grande porte em setores sociais direcionados ao atendimento das necessidades da população idosa, principalmente no campo da saúde e da previdência social, para atender às obrigações legais com os trabalhadores que se aposentam.

O envelhecimento da população brasileira

A melhoria das condições sociais e econômicas do país resultou no aumento da longevidade. Ou seja, a população brasileira tem vivido mais. O aumento na expectativa de vida está diretamente relacionado, entre outros fatores, às melhorias das condições médicas e sanitárias no país.

O saneamento básico e os avanços da medicina preventiva diminuíram a carga de doenças infectocontagiosas, que, até pouco tempo, eram uma das principais causas de mortalidade. Os avanços da medicina e o acesso aos serviços médicos e hospitalares possibilitaram o diagnóstico precoce de doenças crônicas e contribuíram para a descoberta de formas de tratamento mais eficazes. A qualidade das condições alimentares e a incorporação de hábitos mais saudáveis por parte da população, como a prática de atividades físicas cotidianas, também favorecem o aumento da longevidade.

Apesar do aumento da expectativa de vida da população, os idosos ainda não têm lugar no mercado de trabalho e, muitas vezes, sobrevivem com uma aposentadoria que mal garante o próprio sustento.

Pirâmides etárias

As análises das estruturas etária e por sexo da população frequentemente são realizadas em conjunto, pois as causas e as consequências que as afetam são muito semelhantes. Por isso, as duas organizações populacionais podem ser representadas em uma mesma figura.

A representação gráfica da estrutura por idade e por sexo é denominada pirâmide etária. A base da pirâmide representa a população jovem (0 a 19 anos), a parte intermediária corresponde à população adulta (20 a 59 anos) e o topo indica a população idosa (acima de 60 anos). Cada uma das metades da pirâmide representa um grupo (homens e mulheres) e a extensão de cada faixa, em uma escala predeterminada, representa a quantidade, em valores absolutos ou em valores relativos, de cada estrato de idade.

O formato da pirâmide etária depende diretamente dos indicadores da população do país, como as taxas de mortalidade e de natalidade e sua distribuição entre homens e mulheres. Esses indicadores diferem de país para país e variam segundo o nível de desenvolvimento de cada um deles. Assim, é possível identificar três tipos básicos de pirâmide:

- a de um país desenvolvido típico, em que a base é relativamente estreita, pois a taxa de natalidade costuma ser muito baixa; o meio é pouco afunilado, pois a taxa de mortalidade também não é muito acentuada; e o topo é mais largo, já que a expectativa de vida é bem maior;
- a de um país em processo de transição demográfica, em que a base apresenta as duas ou três camadas inferiores mais estreitas do que as de cima, indicando um início de declínio das taxas de natalidade; o meio ainda é um pouco afunilado, já que as taxas de mortalidade não declinaram muito; e o topo fica um pouco mais largo, pois a expectativa de vida nesses países começa a se elevar;
- a de um país subdesenvolvido, com uma base extremamente larga, fruto de altas taxas de natalidade; o meio afunilado, em razão de altas taxas de mortalidade, e o topo estreito, pois é muito baixa a expectativa de vida.

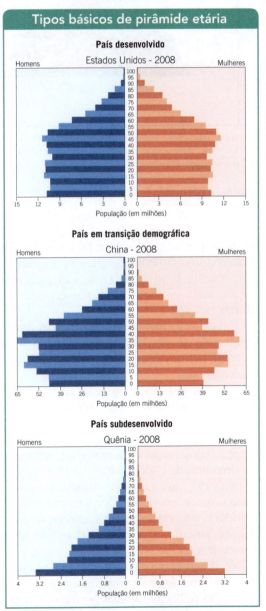

Fonte: <www.census.gov/icp/www/idp/country.php>.
Acesso em: 27 out. 2009.

A observação das pirâmides etárias brasileiras de 1980 e de 2010 mostra que, nesse período, a população "envelheceu", como resultado do declínio da taxa de natalidade e da elevação da esperança de vida no país. Houve, consequentemente, a diminuição da proporção de jovens e o aumento da proporção de adultos e de idosos no total da população brasileira.

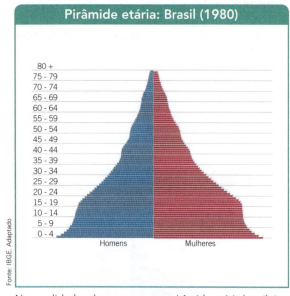

Na atualidade, observa-se que a pirâmide etária brasileira tem a forma típica de países que estão concluindo sua transição demográfica, portanto, que apresentam taxas de fecundidade em declínio e esperança de vida de suas populações em elevação.

A estrutura ativa da população

A População Economicamente Ativa (PEA) de um país corresponde ao seu contingente populacional voltado para o mercado de trabalho. Nos países subdesenvolvidos, são consideradas, para efeitos da PEA, as pessoas entre 10 e 60 anos que estejam trabalhando ou procurando emprego. Nos países desenvolvidos, são consideradas as pessoas entre 15 e 60 anos de idade. Por sua vez, a População Economicamente Inativa (PEI) de um país refere-se àquelas pessoas que não estão trabalhando nem procurando emprego, como as crianças com menos de 10 anos de idade, estudantes, aposentados e donas de casa.

Uma das formas de se observar o grau de desenvolvimento econômico de um país é por meio da análise da distribuição da sua PEA por setores de atividade econômica:

- **setor primário**: abrange as atividades agrárias, como a agricultura e a pecuária, e as atividades extrativas;
- **setor secundário**: abrange as atividades vinculadas à produção fabril, à construção civil e de exploração mineral, quando mecanizada e caracterizada pela ocorrência de qualquer tipo de beneficiamento no local de extração;
- **setor terciário**: abrange as atividades vinculadas à produção comercial, atacadista e varejista, de prestação de serviços e de pesquisa, sejam realizadas pelo setor público ou privado.

Uma grande concentração da PEA no setor primário, como ocorre em grande parte do mundo subdesenvolvido, indica que a economia do país apresenta forte vinculação com o setor agrário e também que esse setor se encontra pouco mecanizado. Em contrapartida, uma grande concentração nos setores secundário e terciário, como acontece no mundo desenvolvido, mostra que a economia do país está fortemente vinculada ao meio urbano-industrial e que o setor agrário apresenta um elevado nível de mecanização.

No Brasil, o setor de atividade que ocupa a maior proporção do contingente de população empregada na economia formal brasileira é o terciário (que abrange os setores de serviços, do comércio e da administração pública). O setor primário, devido ao processo de mecanização no campo, vem apresentando uma queda contínua ao longo das últimas décadas. O setor secundário, por sua vez, apresenta um lento crescimento e uma velocidade muito inferior à do crescimento do setor terciário.

1 (Enem) Um dos aspectos utilizados para avaliar a posição ocupada pela mulher na sociedade é a sua participação no mercado de trabalho.

O gráfico mostra a evolução da presença de homens e mulheres no mercado de trabalho entre os anos de 1940 e 2000.

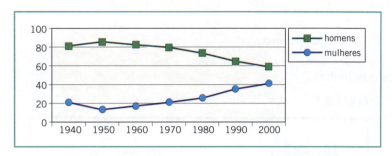

Da leitura do gráfico, pode-se afirmar que a participação percentual do trabalho feminino no Brasil:
a) teve valor máximo em 1950, o que não ocorreu com a participação masculina.
b) apresentou, tanto quanto a masculina, menor crescimento nas três últimas décadas.
c) apresentou o mesmo crescimento que a participação masculina no período de 1960 a 1980.
d) teve valor mínimo em 1940, enquanto a participação masculina teve o menor valor em 1950.
e) apresentou-se crescente desde 1950 e, se mantida a tendência, alcançará, a curto prazo, a participação masculina.

2 (Enem) Observe os gráficos:

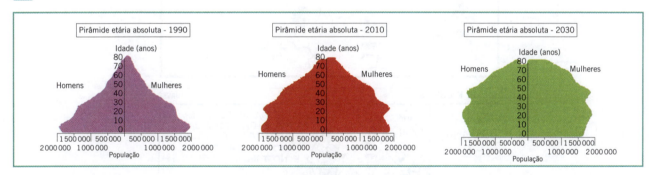

Se for confirmada a tendência apresentada nos gráficos relativos à pirâmide etária, em 2050:
a) a população brasileira com 80 anos de idade será composta por mais homens que mulheres.
b) a maioria da população brasileira terá menos de 25 anos de idade.
c) a população brasileira do sexo feminino será inferior a dois milhões.
d) a população brasileira com mais de 40 anos de idade será maior que em 2030.
e) a população brasileira será inferior à população de 2010.

3 (Enem) Observe os gráficos:

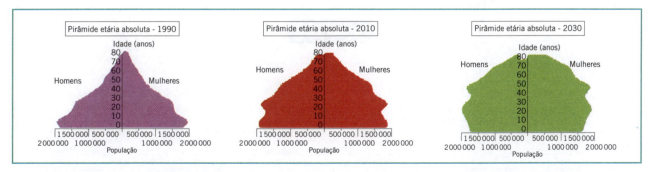

Se forem confirmadas as projeções apresentadas, a população brasileira com até 80 anos de idade será, em 2030:
a) menor que 170 milhões de habitantes.
b) maior que 170 milhões e menor que 210 milhões de habitantes.
c) maior que 210 milhões e menor que 290 milhões de habitantes.
d) maior que 290 milhões e menor que 370 milhões de habitantes.
e) maior que 370 milhões de habitantes.

4 (Enem) Observe os quadrinhos:

As tiras ironizam uma célebre fábula e a conduta dos governantes. Tendo como referência o estado atual dos países periféricos, pode-se afirmar que nessas histórias está contida a seguinte ideia:
a) crítica à precária situação dos trabalhadores ativos e aposentados.
b) necessidade de atualização crítica de clássicos da literatura.
c) menosprezo governamental com relação a questões ecologicamente corretas.
d) exigência da inserção adequada da mulher no mercado de trabalho.
e) aprofundamento do problema social do desemprego e do subemprego.

Anotações

AULA 4

Competência 2 Compreender as transformações dos espaços geográficos como produto das relações socioeconômicas e culturais de poder.

Habilidade 8 Analisar a ação dos estados nacionais no que se refere à dinâmica dos fluxos populacionais e no enfrentamento de problemas de ordem econômico-social.

Em classe

MIGRAÇÕES INTERNACIONAIS
Migrações forçadas e espontâneas
Grandes migrações internacionais da Europa para a América
Emigração europeia para o Brasil
Migrações internacionais no pós-guerra
A presença imigrante na Europa e nos Estados Unidos
A emigração de brasileiros nas últimas décadas

1 (Enem – Adaptada)

O movimento migratório no Brasil é significativo, principalmente em função do volume de pessoas que saem de uma região com destino a outras regiões. Um desses movimentos ficou famoso nos anos 1980, quando muitos nordestinos deixaram a região Nordeste em direção ao Sudeste do Brasil. Segundo os dados do IBGE de 2000, este processo continuou crescente no período seguinte, os anos 1990, com um acréscimo de 7,6% nas migrações deste mesmo fluxo. A Pesquisa de Padrão de Vida, feita pelo IBGE, em 1996, aponta que, entre os nordestinos que chegam ao Sudeste, 48,6% exercem trabalhos manuais não qualificados, 18,5% são trabalhadores manuais qualificados, enquanto 13,5%, embora não sejam trabalhadores manuais, se encontram em áreas que não exigem formação profissional. O mesmo estudo indica também que esses migrantes possuem, em média, condição de vida e nível educacional acima dos de seus conterrâneos e abaixo dos de cidadãos estáveis do Sudeste.

Fonte: <www.ibge.gov.br>.
Acesso em: 30 jul. 2009. Adaptada.

Com base nas informações contidas no texto, depreende-se que:

a) o processo migratório foi desencadeado por ações de governo para viabilizar a produção industrial no Sudeste.
b) os governos estaduais do Sudeste priorizaram a qualificação da mão de obra migrante.
c) o processo de migração para o Sudeste não contribui para o fenômeno conhecido como inchaço urbano.
d) as migrações para o Sudeste desencadearam a valorização do trabalho manual, sobretudo na década de 1980.
e) a falta de especialização dos migrantes é positiva para os empregadores, pois significa maior versatilidade profissional.

2 (Enem)

Tendências nas migrações internacionais

O relatório anual (2002) da Organização para a Cooperação e Desenvolvimento Econômico (OCDE) revela transformações na origem dos fluxos migratórios. Observa-se aumento das migrações de chineses, filipinos, russos e ucranianos com destino aos países-membros da OCDE. Também foi registrado aumento de fluxos migratórios provenientes da América Latina.

Fonte: *Trends in international migration*, 2002.
Disponível em: <www.ocde.org>. Adaptado.

No mapa seguinte, estão destacados os países que mais receberam esses fluxos migratórios em 2002.

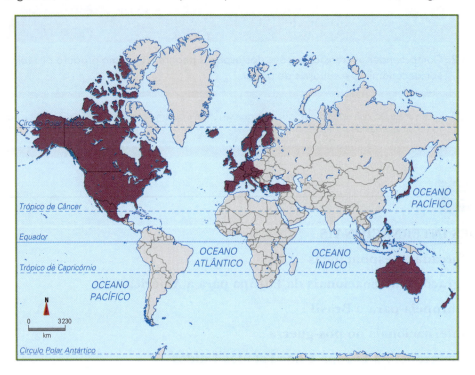

As migrações citadas estão relacionadas, principalmente, à:
a) ameaça de terrorismo em países pertencentes à OCDE.
b) política dos países mais ricos de incentivo à imigração.
c) perseguição religiosa em países muçulmanos.
d) repressão política em países do Leste Europeu.
e) busca de oportunidades de emprego.

3 (UFMG – Adaptada) Considerando-se os reflexos das migrações internacionais na organização do espaço mundial, é INCORRETO afirmar que, na atualidade, há:
a) um aumento de ações decorrentes da xenofobia que caracteriza parcela da população dos países receptores de imigrantes.
b) um crescimento do contingente de imigrantes ilegais, o que tem favorecido a criação de leis que dificultam e criminalizam a presença deles nos países receptores.
c) uma plena integração cultural e socioeconômica, no país receptor, das gerações posteriores de imigrantes, tornadas cidadãos nacionais.
d) uma tendência à mudança do perfil étnico, nos países receptores, em razão do número de imigrantes recebidos e de seu comportamento demográfico diferenciado.
e) nos países receptores vêm ocorrendo um aumento das ações governamentais que dificultam a entrada dos imigrantes, especialmente aqueles que se caracterizam como mão de obra desqualificada.

4 (PUC-RJ)

> Globalização significa [...] a remoção das fronteiras e, portanto, representa uma ameaça para aquele Estado-nação que vigia quase neuroticamente suas fronteiras.
>
> Jurgen Habermas

O texto acima pode ser aplicado, atualmente, à fronteira entre:
a) China e Japão.
b) Brasil e Argentina.
c) França e Inglaterra.
d) Estados Unidos e México.
e) Alemanha e Áustria.

Em casa

TEXTOS DE APOIO

Migrações forçadas e espontâneas

Todas as vezes que uma pessoa ou um grupo se desloca de uma área para outra do planeta diz-se que ocorreu uma migração populacional. Ela pode acontecer de duas formas: forçada ou espontânea, quanto aos indivíduos; externa ou interna, quanto às áreas envolvidas.

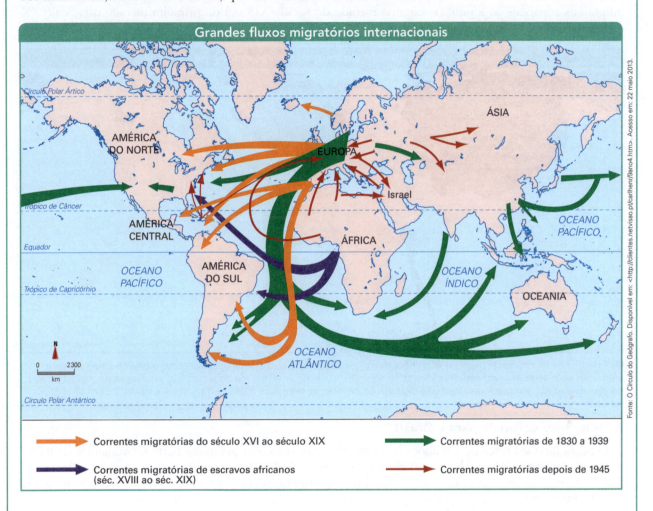

As migrações forçadas correspondem aos deslocamentos realizados involuntariamente pelos habitantes de uma região. Por exemplo, os que ocorreram entre os séculos XVI e XIX devido ao tráfico de escravos, que transferiu, por meio da força, mais de 40 milhões de habitantes da África para a América colonial.

As migrações espontâneas referem-se aos deslocamentos realizados voluntariamente pelos habitantes de uma determinada área que desejam viver em outras terras, como os que ocorreram durante o século XIX e grande parte do século XX, quando mais de 60 milhões de habitantes da Europa migraram para a América.

As grandes migrações internacionais da Europa para a América

Uma das mais expressivas migrações do mundo nesse período foi a que ocorreu da Europa para a América ao longo de todo o século XIX e do primeiro quartel do século XX. Para se ter uma ideia da expressividade desse fluxo migratório, estima-se que o número de pessoas que se deslocaram do velho para o novo continente, nesse período, tenha ultrapassado a casa dos 60 milhões.

Esse extraordinário deslocamento populacional resultou de um conjunto de ocorrências, de ordem social e econômica, que funcionaram como fatores de repulsão populacional da Europa e de atração populacional para a América. Entre esses fatores destacavam-se, como motivo de repulsão, o estado de pobreza de uma parcela expressiva dos habitantes europeus e, como motivo de atração, as vantagens econômicas oferecidas por muitos países do continente americano aos europeus que se dispusessem a viver no novo território.

Os países que mais perderam população no fluxo migratório ocorrido entre 1800 e 1920, da Europa para a América, foram Reino Unido, Itália, Alemanha e Espanha. Entre os países que mais receberam imigrantes europeus ao longo da segunda metade do século XIX e a da primeira metade do século XX encontram-se os Estados Unidos e o Brasil.

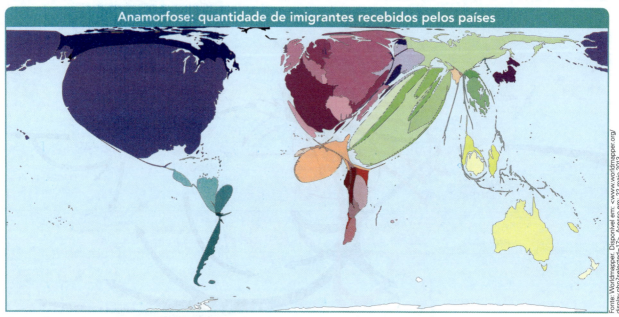

Fonte: Worldmapper. Disponível em: <www.worldmapper.org/display.php?selected=17>. Acesso em: 22 maio 2013.

Os Estados Unidos receberam mais de 40 milhões de imigrantes europeus, o que os classifica como o país que mais recebeu imigrantes no mundo. A maior explosão imigratória se verificou na segunda metade do século XIX, em função da promulgação do *Homestead Act*, ato que regulamentou a distribuição de lotes de terra para quem se dispusesse a cultivá-los por um período de cinco anos.

A emigração europeia para o Brasil

O Brasil recebeu cerca de 4 milhões de imigrantes europeus, em sua maior parte provenientes da Itália, Portugal, Espanha e Alemanha. A maioria desses imigrantes dirigiu-se para São Paulo, atraídos pelas oportunidades geradas pela cultura do café, no último quartel do século XIX e início do século XX, e para o Sul, devido às oportunidades geradas pelo processo de implantação de colônias agrícolas na região.

Além dos europeus, o Brasil recebeu imigrantes provenientes da Ásia, como os japoneses e sírio-libaneses. Os primeiros dedicaram-se, inicialmente, à atividade agrícola e fixaram-se, sobretudo, nos estados de São Paulo, Paraná, Amazonas e Pará. Os sírio-libaneses praticaram uma gama variada de atividades, especialmente no campo do comércio, e fixaram-se, sobretudo, em São Paulo e na Amazônia.

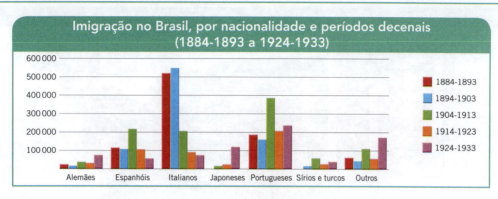

As migrações internacionais no pós-guerra

Após o término da Segunda Guerra Mundial, como resultado das perseguições e do surgimento de novas fronteiras, o número de refugiados na Europa era muito elevado. Isso determinou que se verificassem expressivos deslocamentos populacionais no continente. Uma parte desses refugiados, em razão das imensas dificuldades provocadas pelo conflito em seus países, acabou deixando o continente europeu em direção à América e à Oceania, neste caso indo para a Austrália e a Nova Zelândia.

Após a ocorrência desses deslocamentos populacionais na Europa, em que se verificou um realojamento dos refugiados de guerra, um novo tipo de migração começou a ocorrer no mundo: a transferência de populações dos países pobres, ou subdesenvolvidos, em direção aos países ricos, ou desenvolvidos. Como exemplo dessas migrações internacionais, pode-se citar a dos países asiáticos e africanos para a Europa, que vêm ocorrendo até hoje, e a dos países latino-americanos para os Estados Unidos. Esses deslocamentos foram responsáveis pela existência, na década de 1990, de cerca de 120 milhões de imigrantes em todo o mundo. Desse total, aproximadamente 25 milhões estavam na Europa e, em sua esmagadora maioria, nos países mais industrializados do continente, como Alemanha, França e Reino Unido, e cerca de 24 milhões nos Estados Unidos.

A chegada de tantos imigrantes a esses países tem causas econômicas. Os imigrantes buscam atividades produtivas que lhes permitam desfrutar de melhores condições de vida, diferentes da situação de miséria e desesperança que tinham em suas áreas de origem.

A presença imigrante na Europa e nos Estados Unidos

Na Europa, as migrações de origem econômica visavam suprir a escassez de mão de obra interna nos países mais industrializados, que gradativamente retomavam a sua posição de hegemonia econômica no cenário internacional, caso do Reino Unido, França e Alemanha. Os imigrantes que se dirigiam a esses países eram inicialmente contratados como trabalhadores temporários para exercer atividades de baixa remuneração e que exigiam pouca qualificação profissional. Os trabalhadores eram oriundos de várias áreas, entre as quais se destacam duas: os antigos domínios coloniais europeus, como a Índia, ex-colônia do Reino Unido, e a Argélia, ex-colônia da França; e os países menos industrializados do continente na época, como Portugal, Espanha, Grécia e Itália, bem como alguns países pobres da periferia da Europa, como a Turquia.

Nas últimas décadas, especialmente a partir de 1970, devido à elevação das taxas de desemprego, verificou-se uma forte reação nos países europeus contra a presença desses imigrantes, principalmente na França, Alemanha e Reino Unido. Essa reação se manifestou por meio da aprovação de uma série de leis restritivas à entrada e à presença de imigrantes nesses territórios e de agressões por parte de violentos grupos xenofóbicos, em especial na Alemanha e na França.

Nos Estados Unidos, as últimas décadas foram marcadas pela entrada de imigrantes de origem hispânica, ou seja, latino-americanos, como mexicanos, cubanos e porto-riquenhos. Segundo estimativas oficiais, o número total da população de origem hispânica nos Estados Unidos, nos dias atuais, supera a casa dos 20 milhões (aproximadamente 8% da população do país), sendo a maioria, cerca de 60%, de origem mexicana.

A maior parte desses imigrantes é clandestina, isto é, entrou nos países ilegalmente, o que faz com que se sujeite a trabalhar em serviços de pouca qualificação profissional e baixa remuneração. Um exemplo está nas atividades exercidas pelos mexicanos nos estados norte-americanos fronteiriços com o México, como Califórnia, Novo México, Arizona e Texas, onde esses imigrantes são utilizados como *braceros*, mão de obra agrícola temporária.

Entre os estados norte-americanos que apresentam maior concentração populacional de origem latino-americana, destacam-se os que fazem fronteira com o México, o principal grupo latino presente nos Estados Unidos.

A emigração de brasileiros nas últimas décadas

Nas décadas de 1980 e 1990, no entanto, com a crise econômica do país, o movimento inverteu-se e o Brasil começou a perder habitantes para diversas partes do planeta. Os dados são muito imprecisos, mas calcula-se que o país tenha transferido para o resto do mundo cerca de 2% da sua população absoluta, o que significa uma emigração de aproximadamente 3 milhões de brasileiros.

A saída dos brasileiros deve ser analisada sob dois aspectos bastante diversos. Há um fluxo de emigrantes composto por profissionais mais qualificados, em sua maioria jovens entre 20 e 30 anos, que deixam o Brasil com destino aos países desenvolvidos da América, Europa, Ásia e Oceania. E há outro fluxo, formado por uma parcela da população menos qualificada profissionalmente, como trabalhadores rurais, garimpeiros, comerciantes e aventureiros, que atravessam as fronteiras do Brasil com suas famílias, buscando melhores oportunidades nos países vizinhos da América do Sul.

Existe também o deslocamento dos grupos denominados "transfronteiriços", migrantes brasileiros que atravessam nossas fronteiras para viver nos países vizinhos, com destaque para os países do Mercosul: Paraguai, Argentina e Uruguai. É o caso dos "brasiguaios", por exemplo, brasileiros que migraram para o Paraguai e que correspondem ao maior grupo de migrantes brasileiros na América do Sul, ultrapassando a casa dos 400 mil. Eles dedicam-se às atividades agrárias, como plantação de soja, criação de gado e também ao comércio de fronteira, particularmente em Ciudad del Leste, cidade paraguaia que se localiza defronte à cidade brasileira de Foz do Iguaçu.

1 (Uerj – Adaptada) Leia o texto e responda à questão:

Iracema voou

Iracema voou
Para a América
Leva roupa de lã
E ainda lépida
Vê um filme de quando em vez
Não domina o idioma inglês
Lava chão numa casa de chá
Tem saído ao luar
Com um mímico
Ambiciona estudar
Canto lírico
Não dá mole pra polícia
Se puder, vai ficando por lá
Tem saudade do Ceará
Mas não muita
Uns dias, afoita
Me liga a cobrar
– É Iracema da América

Chico Buarque

A explicação adequada para a emigração de brasileiros, como a de Iracema, referida na letra da canção, é a:

a) política de imigração do governo americano, que facilita a absorção no mercado de trabalho.
b) falta de perspectivas no mercado de trabalho, que motiva a procura de alternativas no exterior.
c) estrutura de concentração da terra, que promove a expulsão de trabalhadores nordestinos.
d) desqualificação para o trabalho, que estimula a busca por ocupações compatíveis com as condições de origem.
e) ao incentivo que os países desenvolvidos vêm promovendo para atrair mão de obra estrangeira a fim de promover um maior crescimento de suas economias.

2 (Enem)

Os imigrantes, de Antonio Rocco, 1910.

Um dia, os imigrantes aglomerados na amurada da proa chegavam à fedentina quente de um porto, num silêncio de mato e de febre amarela. Santos. — É aqui! Buenos Aires é aqui! — Tinham trocado o rótulo das bagagens, desciam em fila. Faziam suas necessidades nos trens dos animais onde iam. Jogavam-nos num pavilhão comum em São Paulo. — Buenos Aires é aqui! — Amontoados com trouxas, sanfonas e baús, num carro de bois, que pretos guiavam através do mato por estradas esburacadas, chegavam uma tarde nas senzalas donde acabava de sair o braço escravo. Formavam militarmente nas madrugadas do terreiro homens e mulheres, ante feitores de espingarda ao ombro.

ANDRADE, Oswald de. *Marco Zero II – Chão*. Rio de Janeiro: Globo, 1991.

Levando-se em consideração o texto de Oswald de Andrade e a pintura de Antonio Rocco reproduzida acima, relativos à imigração europeia para o Brasil, é correto afirmar que:
a) a visão da imigração presente na pintura é trágica e, no texto, otimista.
b) a pintura confirma a visão do texto quanto à imigração de argentinos para o Brasil.
c) os dois autores retratam dificuldades dos imigrantes na chegada ao Brasil.
d) Antonio Rocco retrata de forma otimista a imigração, destacando o pioneirismo do imigrante.
e) Oswald de Andrade mostra que a condição de vida do imigrante era melhor que a dos ex-escravos.

3 (Enem)

As migrações transnacionais, intensificadas e generalizadas nas últimas décadas do século XX, expressam aspectos particularmente importantes da problemática racial, visto como dilema também mundial. Deslocam-se indivíduos, famílias e coletividades para lugares próximos e distantes, envolvendo mudanças mais ou menos drásticas nas condições de vida e trabalho, em padrões e valores socioculturais. Deslocam-se para sociedades semelhantes ou radicalmente distintas, algumas vezes compreendendo culturas ou mesmo civilizações totalmente diversas.

IANNI, O. *A era do globalismo*. Rio de Janeiro: Civilização Brasileira, 1996.

A mobilidade populacional da segunda metade do século XX teve um papel importante na formação social e econômica de diversos estados nacionais. Uma razão para os movimentos migratórios nas últimas décadas e uma política migratória atual dos países desenvolvidos são:
a) a busca de oportunidades de trabalho e o aumento de barreiras contra a imigração.
b) a necessidade de qualificação profissional e a abertura das fronteiras para os imigrantes.
c) o desenvolvimento de projetos de pesquisa e o acautelamento dos bens dos imigrantes.
d) a expansão da fronteira agrícola e a expulsão dos imigrantes qualificados.
e) a fuga decorrente de conflitos políticos e o fortalecimento de políticas sociais.

4 (Unifesp) A União Europeia adotou leis que dificultam a imigração nos últimos anos. Porém, no passado, a Europa:
a) recepcionou comunistas e anarquistas perseguidos pelos bolcheviques, após a Revolução Russa.
b) abrigou milhares de refugiados políticos japoneses, que fugiram após a Segunda Guerra.
c) extraditou judeus do continente para Israel, durante a supremacia do período nazifascista.
d) expulsou nórdicos para as franjas do continente europeu, apesar do calor na faixa mediterrânea.
e) enviou milhares de europeus pobres a outras partes do mundo, em especial para a América.

AULA 5

Competência 6 Compreender a sociedade e a natureza, reconhecendo suas interações no espaço em diferentes contextos históricos e geográficos.

Habilidade 27 Analisar de maneira crítica as interações da sociedade com o meio físico, levando em consideração aspectos históricos e (ou) geográficos.

Em classe

DINÂMICA DA NATUREZA: CLIMAS E MUDANÇAS CLIMÁTICAS

Os elementos climáticos

- Temperatura e precipitação.
- Umidade, pressão e os ventos.

Os fatores climáticos

- Latitude e altitude.
- Massas de ar.

Os climas brasileiros

- Classificação climática.
- Variações termopluviométricas dos climas brasileiros.

As mudanças climáticas

- Gases do efeito estufa.
- Aquecimento global.

---

1 (Enem) Numa área de praia, a brisa marítima é uma consequência da diferença no tempo de aquecimento do solo e da água, apesar de ambos estarem submetidos às mesmas condições de irradiação solar. No local (solo) que se aquece mais rapidamente, o ar fica mais quente e sobe, deixando uma área de baixa pressão, provocando o deslocamento do ar da superfície que está mais fria (mar).

À noite, ocorre um processo inverso ao que se verifica durante o dia. Como a água leva mais tempo para esquentar (de dia), mas também leva mais tempo para esfriar (à noite), o fenômeno noturno (brisa terrestre) pode ser explicado da seguinte maneira:

a) o ar que está sobre a água se aquece mais; ao subir, deixa uma área de baixa pressão, causando um deslocamento de ar do continente para o mar.

b) o ar mais quente desce e se desloca do continente para a água, a qual não conseguiu reter calor durante o dia.

c) o ar que está sobre o mar se esfria e dissolve-se na água; forma-se, assim, um centro de baixa pressão, que atrai o ar quente do continente.

d) o ar que está sobre a água se esfria, criando um centro de alta pressão que atrai massas de ar continental.

e) o ar sobre o solo, mais quente, é deslocado para o mar, equilibrando a baixa temperatura do ar que está sobre o mar.

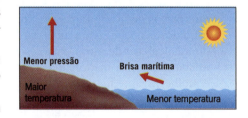

2 (Enem) Umidade relativa do ar é o termo usado para descrever a quantidade de vapor de água contido na atmosfera. Ela é definida pela razão entre o conteúdo real de umidade de uma parcela de ar e a quantidade de umidade que a mesma parcela de ar pode armazenar na mesma temperatura e pressão quando está saturada de vapor, isto é, com 100% de umidade relativa. O gráfico representa a relação entre a umidade relativa do ar e sua temperatura ao longo de um período de 24 horas em um determinado local.

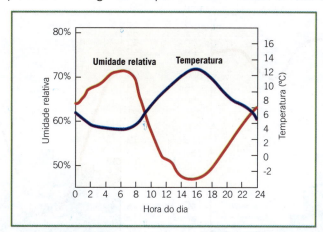

Considerando-se as informações do texto e do gráfico, conclui-se que:
a) a insolação é um fator que provoca variação da umidade relativa do ar.
b) o ar vai adquirindo maior quantidade de vapor de água à medida que se aquece.
c) a presença de umidade relativa do ar é diretamente proporcional à temperatura do ar.
d) a umidade relativa do ar indica, em termos absolutos, a quantidade de vapor de água existente na atmosfera.
e) a variação da umidade do ar se verifica no verão, e não no inverno, quando as temperaturas permanecem baixas.

3 (Enem) Os seres humanos podem tolerar apenas certos intervalos de temperatura e umidade relativa (UR), e, nessas condições, outras variáveis, como os efeitos do sol e do vento, são necessárias para produzir condições confortáveis, nas quais as pessoas podem viver e trabalhar. O gráfico mostra esses intervalos e a tabela mostra temperaturas e umidades relativas do ar de duas cidades, registradas em três meses do ano.

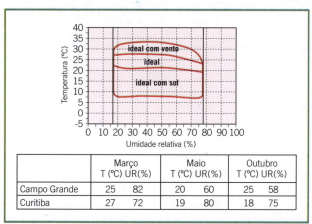

	Março T (°C) UR(%)	Maio T (°C) UR(%)	Outubro T (°C) UR(%)
Campo Grande	25 82	20 60	25 58
Curitiba	27 72	19 80	18 75

Fonte: *The Random House Encyclopedias*. 3. ed. 1990. Adaptado.

Com base nessas informações, pode-se afirmar que condições ideais são observadas em:
a) Curitiba com vento em março, e Campo Grande, em outubro.
b) Campo Grande com vento em março, e Curitiba com sol em maio.
c) Curitiba, em outubro, e Campo Grande com sol em março.
d) Campo Grande com vento em março, Curitiba com sol em outubro.
e) Curitiba, em maio, e Campo Grande, em outubro.

4 (Enem) As figuras a seguir representam a variação anual de temperatura e a quantidade de chuvas mensais em dado lugar, sendo chamadas de climogramas. Neste tipo de gráfico, as temperaturas são representadas pelas linhas, e as chuvas pelas colunas.

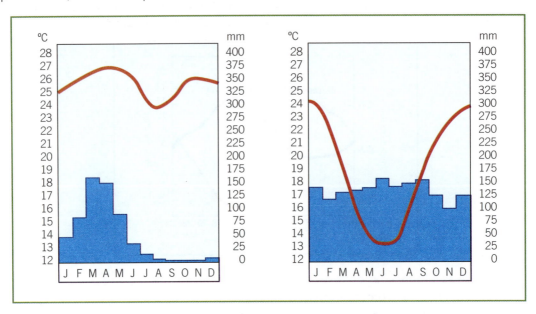

Leia e analise:

A distribuição das chuvas no decorrer do ano, conforme mostrado nos gráficos é um parâmetro importante na caracterização de um clima.

A esse respeito podemos dizer que a afirmativa:

a) está errada, pois o que importa é o total pluviométrico anual.
b) está certa, pois, juntamente com o total pluviométrico anual, são importantes variáveis na definição das condições de umidade.
c) está errada, pois a distribuição das chuvas não tem nenhuma relação com a temperatura.
d) está certa, pois é o que vai definir as estações climáticas.
e) está certa, pois este é o parâmetro que define o clima de uma dada área.

Em casa

TEXTOS DE APOIO

Os elementos climáticos

Temperatura e precipitação

O tempo atmosférico é definido pela combinação da dinâmica de elementos climáticos como: temperatura, umidade, precipitação, pressão e ventos.

A **temperatura** é a quantidade de calor que existe no ar atmosférico. Ela é medida por um instrumento denominado termômetro, que contém escalas de temperatura em graus variados. A escala para medir a variação da temperatura no Brasil é a Celsius. Nela, o ponto de ebulição (ou de vaporização) da água é de 100 °C e o ponto de congelamento é de 0 °C.

A **umidade** atmosférica é a presença de vapor de água no ar atmosférico. O vapor de água na atmosfera provém principalmente da evaporação das águas superficiais dos mares, rios, lagos e solos. A intensidade desse vapor na atmosfera depende de fatores como a radiação solar, a extensão da superfície que libera o vapor e os ventos. Quando a atmosfera contém o limite máximo de vapor de água, a certa temperatura e pressão, dizemos que ele atingiu seu ponto de saturação, e sua umidade relativa é de 100%.

A umidade do ar é muito importante para determinar o tempo (úmido ou seco) e o clima (úmido ou seco) de um lugar. Nas áreas que apresentam invernos muito secos (áreas de clima tropical, por exemplo), ocorrem baixas umidades relativas do ar, que se tornam uma ameaça ao meio ambiente (por contribuir para o aumento da incidência de focos de queimadas de vegetação nativa) e à saúde humana (por contribuir para o aumento da incidência de doenças do aparelho respiratório: asma, bronquite, rinite). A Organização Mundial da Saúde (OMS) recomenda a suspensão de atividades físicas nos lugares em que a umidade relativa for inferior a 20%, principalmente entre 10 e 15 horas.

Precipitação, pressão e ventos

A existência de superfícies submetidas a diferentes **pressões** atmosféricas explica a ocorrência dos **ventos**, ou seja, de uma constante movimentação do ar sobre a superfície terrestre. Isso acontece porque o ar tende a deslocar-se das áreas de alta pressão (em que o ar está menos quente e, portanto, mais denso) para as áreas de baixa pressão (em que o ar está mais quente e, portanto, menos denso).

Os ventos, de acordo com suas características, costumam ser classificados como: constantes, quando ocorrem de forma ininterrupta em determinada área; e periódicos, quando ocorrem de forma intermitente. Entre os constantes, estão os alísios, que sopram dos trópicos para a região do Equador. Entre os periódicos, estão as brisas, que sopram do mar para o continente durante o dia, e do continente para o mar durante a noite.

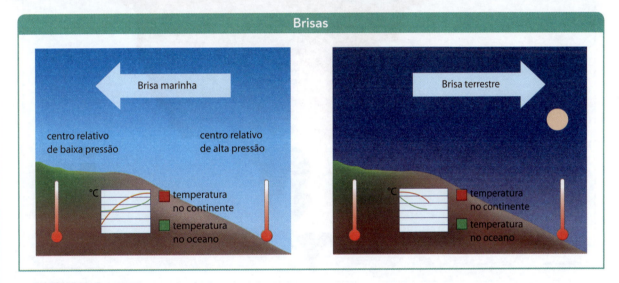

Os fatores climáticos

Latitude e altitude

A dinâmica do tempo atmosférico varia ao longo do tempo e de região para região, como resultado do processo de interação dos elementos climáticos e da ação de uma série de fatores climáticos, como a latitude, a altitude e as massas de ar.

As médias térmicas no planeta declinam com o aumento da latitude, o que significa dizer que as temperaturas na Terra diminuem do Equador para os polos. Isso acontece porque os raios solares incidem nas áreas de baixa latitude de forma mais concentrada do que nas áreas de média e alta latitude. O Brasil, por apresentar uma grande extensão norte-sul, sofre a influência da latitude em sua configuração climática, pois, como pode ser observado no mapa da página a seguir, as médias térmicas no seu território declinam com o aumento da latitude.

As médias térmicas no planeta declinam com o aumento da altitude. Isso acontece porque o ar que se encontra sobre a superfície das áreas mais baixas tem capacidade de absorção de radiação térmica superior à do ar que se encontra sobre as áreas mais elevadas. No Brasil, a influência da altitude não é tão expressiva como nos países cujo território apresenta elevados planaltos ou grandes conjuntos montanhosos, mas ela se faz sentir em algumas áreas, especialmente no Sul e no Sudeste, em que se verifica a concentração das terras de maior altitude no país.

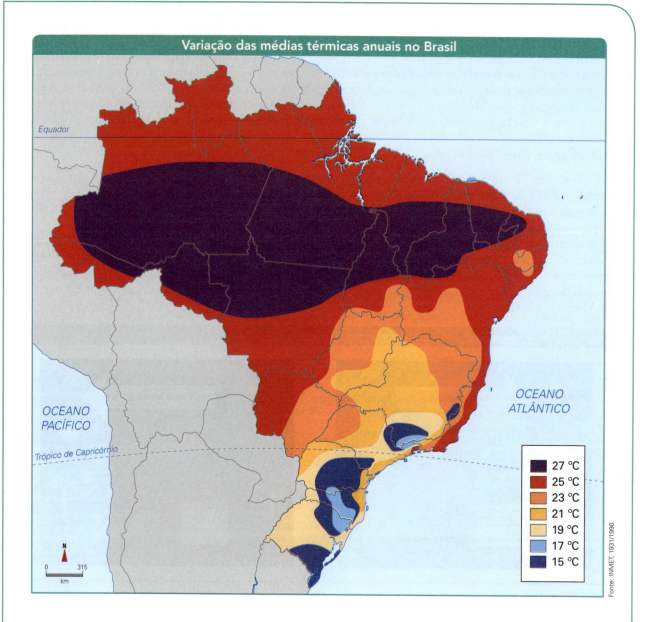

Massas de ar

Massas de ar são porções de ar atmosférico que se deslocam levando consigo as características de temperatura e umidade da região onde se formaram. Quando há um encontro de massas de ar, elas não se misturam de imediato. O que acontece é que elas geram uma faixa de transição, denominada frente, que se caracteriza por grande instabilidade do clima. Essas frentes, segundo as características físicas que apresentam, são denominadas frias ou quentes.

O território brasileiro está sob a influência de cinco grandes massas de ar (observe mapa da página ao lado): massa Equatorial continental (mEc); massa Equatorial atlântica (mEa); massa Tropical continental (mTc); massa Tropical atlântica (mTa); massa Polar atlântica (mPa). Entre as principais estão a:

- massa Equatorial continental (mEc): responsável pelas elevadas temperaturas e pela ocorrência de chuvas convectivas (decorrentes da ascensão de uma massa de ar quente carregada de umidade) o ano todo na Amazônia, especialmente no verão, quando sua ação no país atinge o Centro-Sul.

- massa Tropical atlântica (mTa): responsável pela ocorrência o ano todo de elevadas temperaturas e altos níveis de precipitação ao longo do litoral do Centro-Sul, bem como pela ocorrência de abundantes chuvas orográficas ou de relevo.

- massa Polar atlântica (mPa): responsável pela ocorrência de baixas temperaturas em grande parte do Centro-Sul durante o inverno, e que determinam a ocorrência de geadas em algumas áreas desse complexo regional e de chuvas frontais (decorrentes do encontro de duas massas de ar de características diferentes, especialmente em relação a temperatura) no inverno, especialmente no litoral do Nordeste.

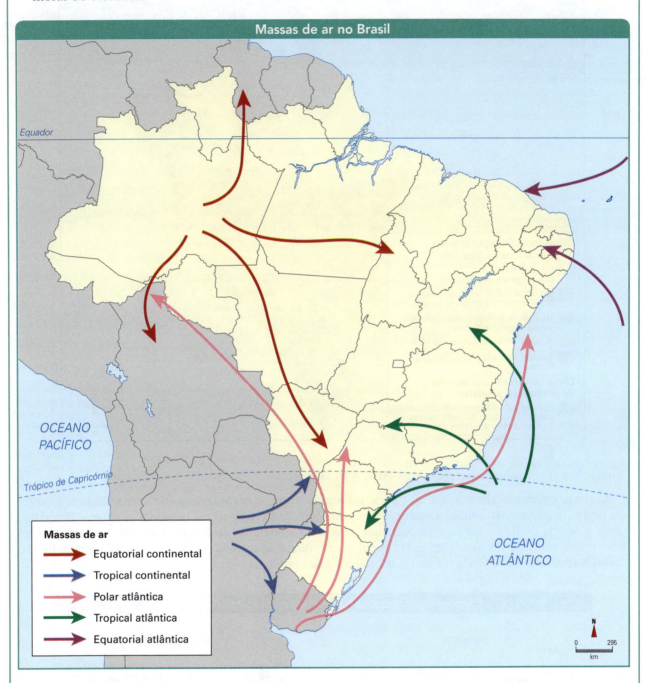

Os climas brasileiros

Classificação climática

Uma das classificações climáticas mais usadas no Brasil é a que identifica seis grandes tipos de clima em seu território: o equatorial, o tropical, o tropical úmido, o tropical semiárido, o tropical de altitude e o subtropical (observe o mapa a seguir).

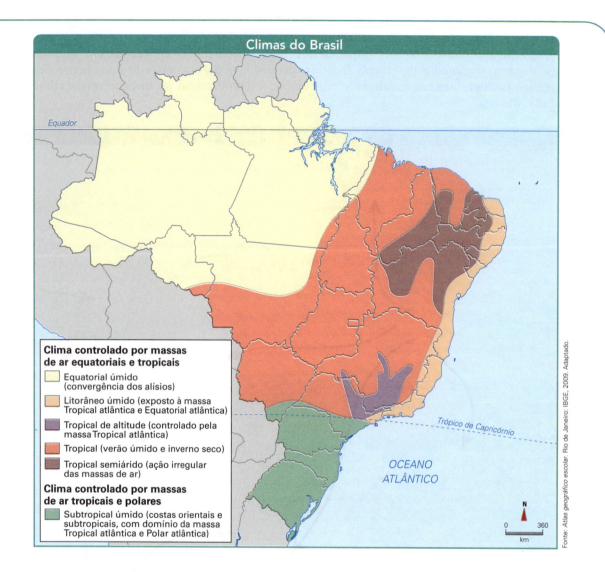

Variações termopluviométricas dos climas brasileiros

O clima equatorial abrange a maior parte da região Norte, o norte da região Centro-Oeste e o oeste da região Nordeste (Maranhão). Caracteriza-se pelas elevadas temperaturas o ano todo, chuvas abundantes e ausência de uma estação seca prolongada (veja o climograma de Belém a seguir). As áreas que se encontram sob esse domínio climático sofrem a ação direta de massas quentes e úmidas, como a Equatorial continental (mEc), e da massa Equatorial atlântica (mEa).

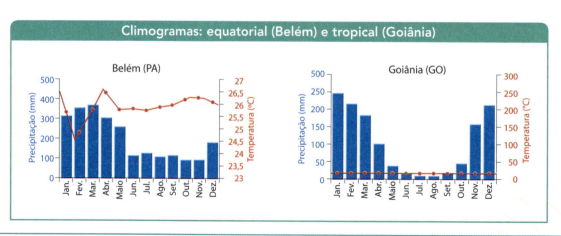

O clima tropical abrange a maior parte do Centro-Oeste e partes das regiões Nordeste e Sudeste. Caracteriza-se por apresentar elevadas temperaturas o ano todo e altos índices de chuvas, cuja distribuição ao longo do ano determina a existência de duas estações bem definidas: verão muito chuvoso e inverno seco. Observe o climograma de Goiânia na página anterior. As áreas sob domínio desse clima sofrem a ação direta de massas quentes, como a massa Tropical continental (mTc), seca, e a massa Tropical atlântica (mTa), úmida.

O clima tropical semiárido abrange a região do vale do rio São Francisco e parte do Nordeste (Sertão), onde, por causa da escassez de chuvas, se encontra a área denominada Polígono das Secas. Esse domínio climático apresenta, além de índices pluviométricos anuais muito baixos (inferiores a 600 mm anuais), médias térmicas mensais bastante elevadas ao longo do ano.

As áreas sob esse domínio climático sofrem a ação de massas de ar úmidas, como a massa Tropical atlântica (mTa). Só que elas chegam lá com pouquíssima umidade, por causa das chuvas orográficas ocorridas em sua passagem pelo litoral.

O clima tropical úmido ocorre no litoral oriental do Nordeste e do Sudeste. Ele apresenta elevadas médias térmicas mensais ao longo do ano e elevados índices anuais de chuva, concentrados no litoral do Nordeste (no inverno) e no litoral do Sudeste (no verão). As áreas sob esse domínio climático sofrem a ação direta da massa Tropical atlântica (mTa), quente e úmida.

O clima tropical de altitude é típico das áreas planálticas e serranas da região Sudeste. Apresenta médias térmicas mensais brandas ao longo do ano (entre 15 °C no inverno e 20 °C no verão) e elevados índices de chuvas anuais (em torno de 1.500 mm), cuja distribuição, ao longo do ano, determina duas estações bem definidas: o verão muito chuvoso e o inverno muito seco (veja o climograma da cidade de Campos de Jordão, em São Paulo, abaixo).

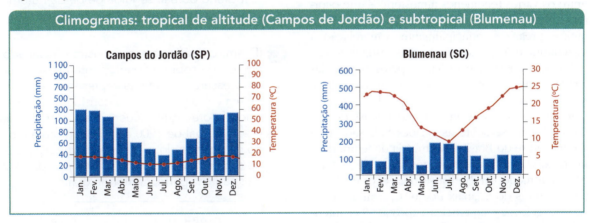

Climogramas: tropical de altitude (Campos de Jordão) e subtropical (Blumenau)

As áreas sob esse domínio climático sofrem a ação das massas de ar Tropical atlântica (mTa), quente e úmida, da massa Tropical continental (mTc), quente e seca, e da massa Equatorial continental (mEc), quente e úmida.

O clima subtropical ocorre na parte das terras brasileiras situadas na Zona Climática Temperada do Sul, portanto ao sul do Trópico de Capricórnio. Esse clima apresenta as médias térmicas de inverno mais baixas do território brasileiro e índices de precipitação que superam a casa dos 1 250 mm (relativamente bem distribuídos ao longo do ano). As áreas sob esses domínios climáticos sofrem a ação das massas de ar Polar atlântica (mPa) e da Tropical atlântica (mTa) (veja o climagrama de Blumenau, em Santa Catarina, acima).

Mudança climática

Gases do efeito estufa

A atmosfera é a camada que envolve a Terra. Ela é composta predominantemente de gases e, em menor parte, de pequenas partículas denominadas de aerossóis. Os dois gases mais abundantes na atmosfera são o nitrogênio, que representa aproximadamente 77% da composição da atmosfera e o oxigênio, que representa aproximadamente 22% da composição da atmosfera. Entre os outros gases existentes na atmosfera terrestre estão os do efeito estufa (como o dióxido de carbono, o metano, o ozônio, os CFCs e vapor de água), assim denominados por terem a capacidade de reter calor na atmosfera e, dessa forma, pelo equilíbrio térmico que viabilizou o desenvolvimento da vida no planeta na forma que a conhecemos nos dias atuais.

Aquecimento global

O aquecimento global é a denominação dada ao fenômeno da elevação da temperatura média do nosso planeta que vem ocorrendo nas últimas décadas. Esse fenômeno, segundo relatório do Painel Intergovernamental de Mudanças Climáticas da Organização das Nações Unidas (publicado em 2007) sobre o assunto, é resultado principalmente do aumento da emissão de gases do efeito estufa que ocorreu no período. Nesse caso, principalmente, dos seguintes gases: dióxido de carbono (CO_2), como resultado da queima indiscriminada de combustíveis fósseis (petróleo, gás natural e carvão mineral) e, também, de vastas áreas florestais no mundo tropical; do metano e dos óxidos nitrosos, como resultado da expansão da atividade agropecuária em todo o mundo; do ozônio, como resultado da emissão desse gás por veículos e processos industriais.

O processo de aquecimento global, que vem ocorrendo por ação antrópica (humana), tem sido alvo de preocupação internacional, pois ele deve provocar graves implicações de ordem ambiental no planeta e que podem significar, inclusive, uma ameaça à sobrevivência de muitas comunidades. Entre essas decorrências destacam-se: as mudanças de natureza climática, que devem ocorrer em muitas regiões e deverão provocar grandes danos ambientais e sociais, e o derretimento de parte das calotas polares, que deve provocar uma elevação do nível dos oceanos e, consequentemente, prejuízos ambientais de grande monta às zonas costeiras.

1 Leia o texto abaixo:

Entre os vários fenômenos atmosféricos que ocorrem no Brasil, a geada é um dos que causam muitos prejuízos, principalmente com relação à agricultura e à economia do país. Muitas vezes, o impacto social e econômico pelos danos das geadas é significativo, uma vez que envolve fatores tais como a produção e o preço de alimentos. Durante os meses de inverno no hemisfério Sul (HS), observa-se sobre as regiões Sul, Sudeste e Centro-Oeste do Brasil a ocorrência de temperaturas baixas, que favorecem a formação de geadas. Esse fenômeno caracteriza-se pela ocorrência de temperaturas do ar abaixo de 0 °C, com a formação de gelo nas superfícies expostas. Sua intensidade varia e pode ser forte quando resulta da associação de dois fenômenos. [...].

Disponível em: <www6.cptec.inpe.br/products/climanalise/cliesp10a/geada.html>. Acesso em: 26 mar. 2013.

Assinale a alternativa que destaca corretamente os fenômenos responsáveis pela ocorrência de geadas no país durante o inverno austral:

a) ação da massa de ar Polar atlântica sobre o continente, seguida de perda noturna de energia pela superfície para o espaço.

b) ação da massa de ar Tropical atlântica sobre o continente, seguida de perda noturna de energia acumulada no espaço.

c) ação da massa de ar Equatorial continental sobre o continente, seguida de perda noturna de energia pela camada inferior da atmosfera.

d) ação da massa de ar Polar do Pacífico sobre o continente, seguida de ganho noturno de energia pela superfície para o espaço.

e) ação da massa de ar Polar proveniente do hemisfério boreal, seguida de perda noturna de energia pela superfície para o espaço.

2 (Enem) O gráfico a seguir ilustra o resultado de um estudo sobre o aquecimento global. A curva mais escura e contínua representa o resultado de um cálculo em que se considerou a soma de cinco fatores que influenciaram a temperatura média global de 1900 a 1990, conforme mostrado na legenda do gráfico. A contribuição efetiva de cada um desses cinco fatores isoladamente é mostrada na parte inferior do gráfico.

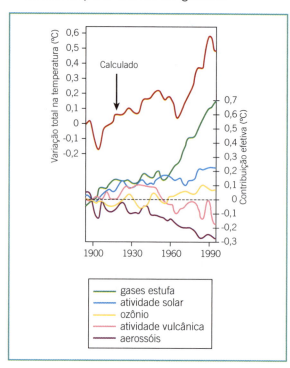

46 Caderno do Enem

Os dados apresentados revelam que, de 1960 a 1990, contribuíram de forma efetiva e positiva para aumentar a temperatura atmosférica:
a) aerossóis, atividade solar e atividade vulcânica.
b) atividade vulcânica, ozônio e gases estufa.
c) aerossóis, atividade solar e gases estufa.
d) aerossóis, atividade vulcânica e ozônio.
e) atividade solar, gases estufa e ozônio.

3 Leia o texto abaixo:

Baixa umidade do ar no inverno

Quarta-feira, 13 de julho de 2011

Muito comum nesta época do ano, a baixa umidade do ar pode desencadear uma série de complicações respiratórias e agravar doenças já existentes. É preciso ficar atento às classificações do índice de umidade relativa. O estado de atenção acontece quando a umidade relativa do ar está abaixo de 30%, e em estado de alerta quando estiver menor que 20%. Com menos de 12% o estado é de emergência.

"Quanto menor for a umidade do ar, mais cuidados devem ser tomados para evitar complicações alérgicas e respiratórias. As principais consequências são o ressecamento das vias aéreas, que leva a doenças como rinite, rinossinusite, inflamação da mucosa que reveste a cavidade nasal, descompensação de asma e DPOC" afirmou a dra. Valeria Cristina Vigar.

Embora haja registros de baixa umidade do ar em muitos estados brasileiros, as regiões Sudeste e Centro-Oeste têm seus problemas agravados pela falta de chuva e aumento no nível de poluição no ar. "Independentemente da região, os principais grupos de risco são os portadores de doenças respiratórias crônicas" afirmou a dra. Valeria. Para estas pessoas, a atenção deve ser redobrada, aconselha-se seguir a orientação médica e manter rigorosamente o tratamento indicado pelo médico.

Disponível em: <www.climatempo.com.br/destaques/tag/umidade-relativa/>. Acesso em: 25 mar. 2013.

Com base nas informações do texto, pode-se afirmar que os problemas destacados são típicos no país, durante o inverno austral, em regiões do país onde se verifica a existência do clima:
a) tropical.
b) semiárido.
c) subtropical.
d) equatorial.
e) tropical úmido.

4 Leia o texto abaixo

As geadas

Em noites de geadas, com ausência de ventos o ar frio "escorre" encosta abaixo como se fosse água durante a chuva, acumulando-se no fundo de vales ou bacias. Assim, culturas plantadas nas partes baixas do terreno estão sujeitas às geadas, devido a esse acúmulo do ar frio. Lembre-se de manter a meia – encosta livre de mato e o solo uniforme permitindo assim que o ar frio passe livremente sem danificar a cultura.

As geadas de irradiação ocorrem na ausência de ventos e sempre com céu claro. Nessas condições, as plantas perdem calor e se resfriam durante a madrugada, passando a "fabricar" mais ar frio que se acumula nas partes baixas do terreno. A eliminação de vegetação rasteira (grama, capim, restos de cultura etc.) em áreas acima da cultura desfavorece, portanto, a formação de geadas. A baixa umidade favorece a queda das temperaturas.

Disponível em: <www.cpa.unicamp.br/artigos-especiais/geadas.html>. Acesso em: 25 mar. 2013.

O fenômeno descrito no texto é comum no Brasil nas áreas onde se verifica a existência do clima:
a) tropical de altitude, quando da passagem em seus domínios da massa Equatorial continental.
b) subtropical, quando da passagem em seus domínios da massa Tropical atlântica.
c) tropical de altitude, quando da passagem em seus domínios da massa Tropical atlântica.
d) subtropical, quando da passagem em seus domínios da massa Polar atlântica.
e) tropical de altitude, quando da passagem em seus domínios da massa Equatorial continental.

AULA 6

Competência 6 Compreender a sociedade e a natureza, reconhecendo suas interações no espaço em diferentes contextos históricos e geográficos.

Habilidade 30 Avaliar as relações entre preservação e degradação da vida no planeta nas diferentes escalas.

Em classe

BIOMAS E UNIDADES DE CONSERVAÇÃO

Vegetação na zona glacial e na zona temperada

- Tundra.
- Formações florestais e estepes.
- Formações vegetais típicas da zona temperada no Brasil.

Vegetação na zona tropical

- Florestas pluviais e savanas.
- Formações vegetais típicas da zona intertropical no Brasil.

Unidades de conservação no Brasil

- Sistema Nacional de Unidades de Conservação (SNUC).
- Diferentes unidades de conservação existentes no Brasil.

1 (Enem) Observe as charges.

Disponível em: <http://clickdigitalsj.com.br>.
Acesso em: 9 jul. 2009.

Disponível em: <http://conexaoambiental.zip.net/images/charge.jpg>.
Acesso em: 9 jul. 2009.

Reunindo-se as informações contidas nas duas charges, infere-se que:
a) os regimes climáticos da Terra são desprovidos de padrões que os caracterizem.
b) as intervenções humanas nas regiões polares são mais intensas que em outras partes do globo.
c) o processo de aquecimento global será detido com a eliminação das queimadas.
d) a destruição das florestas tropicais é uma das causas do aumento da temperatura em locais distantes como os polos.
e) os parâmetros climáticos modificados pelo homem afetam todo o planeta, mas os processos naturais têm alcance regional.

2 (Enem) A Mata Atlântica, que originalmente se estendia por todo o litoral brasileiro, do Ceará ao Rio Grande do Sul, ostenta hoje o triste título de uma das florestas mais devastadas do mundo. Com mais de 1 milhão de quilômetros quadrados, hoje restam apenas 5% da vegetação original, como mostram as figuras.

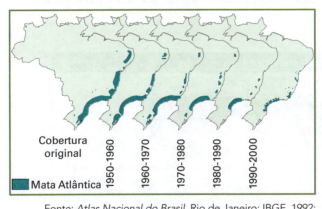

Fonte: *Atlas Nacional do Brasil*, Rio de Janeiro: IBGE, 1992; <http://sosmatatlantica.org.br>. Adaptado.

Considerando as características histórico-geográficas do Brasil e a partir da análise das figuras, é correto afirmar que:
a) as transformações climáticas, especialmente na região Nordeste, interferiram fortemente na diminuição dessa floresta úmida.
b) nas três últimas décadas, o grau de desenvolvimento regional impediu que a devastação da Mata Atlântica fosse maior do que a registrada.
c) as atividades agrícolas, aliadas ao extrativismo vegetal, têm se constituído, desde o período colonial, na principal causa da devastação da Mata Atlântica.
d) a taxa de devastação dessa floresta tem seguido o sentido oposto ao do crescimento populacional de cada uma das regiões afetadas.
e) o crescimento industrial, na década de 1950, foi o principal fator de redução da cobertura vegetal na faixa litorânea do Brasil, especialmente da região Nordeste.

3 (Enem)
Calcula-se que 78% do desmatamento na Amazônia tenha sido motivado pela pecuária – cerca de 35% do rebanho nacional está na região – e que pelo menos 50 milhões de hectares de pastos são pouco produtivos. Enquanto o custo médio para aumentar a produtividade de 1 hectare de pastagem é de 2 mil reais, o custo para derrubar igual área de floresta é estimado em 800 reais, o que estimula novos desmatamentos. Adicionalmente, madeireiras retiram as árvores de valor comercial que foram abatidas para a criação de pastagens. Os pecuaristas sabem que problemas ambientais como esses podem provocar restrições à pecuária nessas áreas, a exemplo do que ocorreu em 2006 com o plantio da soja, o qual, posteriormente, foi proibido em áreas de floresta.

ÉPOCA, 3 mar. 2008 e 9 jun. 2008. Adaptado.

A partir da situação-problema descrita, conclui-se que:
a) o desmatamento na Amazônia decorre principalmente da exploração ilegal de árvores de valor comercial.
b) um dos problemas que os pecuaristas vêm enfrentando na Amazônia é a proibição do plantio de soja.
c) a mobilização de máquinas e de força humana torna o desmatamento mais caro que o aumento da produtividade de pastagens.
d) o superávit comercial decorrente da exportação de carne produzida na Amazônia compensa a possível degradação ambiental.
e) a recuperação de áreas desmatadas e o aumento de produtividade das pastagens podem contribuir para a redução do desmatamento na Amazônia.

4 (Enem)

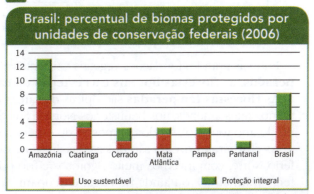

Ministério do Meio Ambiente. Cadastro Nacional de Unidades de Conservação.

Analisando-se os dados do gráfico apresentado, que remetem a critérios e objetivos no estabelecimento de unidades de conservação no Brasil, constata-se que:

a) o equilíbrio entre unidades de conservação de proteção integral e de uso sustentável já atingido garante a preservação presente e futura da Amazônia.

b) as condições de aridez e a pequena diversidade biológica observadas na Caatinga explicam por que a área destinada à proteção integral desse bioma é menor que a dos demais biomas brasileiros.

c) o Cerrado, a Mata Atlântica e o Pampa, biomas mais intensamente modificados pela ação humana, apresentam proporção maior de unidades de proteção integral que de unidades de uso sustentável.

d) o estabelecimento de unidades de conservação deve ser incentivado para a preservação dos recursos hídricos e a manutenção da biodiversidade.

e) a sustentabilidade do Pantanal é inatingível, razão pela qual não foram criadas unidades de uso sustentável nesse bioma.

Em casa

TEXTOS DE APOIO

Vegetação na zona glacial e na zona temperada

Tundra

Ao norte da floresta boreal, portanto na zona glacial Ártica, onde se verifica a ocorrência de clima frio polar, encontra-se a **tundra** – composta de liquens (associação de fungos e algas) e musgos (ervas e pequenos arbustos), cujo desenvolvimento é prejudicado pelo congelamento do solo na maior parte do ano.

Formações florestais e estepes

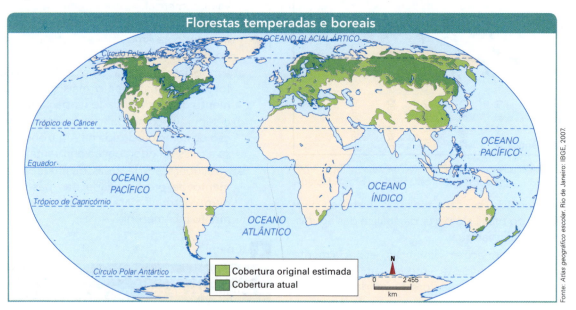

Entre as grandes formações vegetais existentes nas zonas temperadas encontram-se as **florestas temperadas**, as **florestas boreais** e as **estepes** ou **campos**.

As **florestas temperadas** são típicas das áreas de ocorrência de clima temperado oceânico, com invernos mais amenos, nos hemisférios Norte e Sul. São caducifólias, pois perdem as folhas em um período do ano (outono), sendo compostas de espécies como os carvalhos, as nogueiras e as faias.

As **florestas boreais** são típicas das áreas de ocorrência de clima temperado continental, no hemisfério Norte, com invernos muito rigorosos e frio polar. Elas são também chamadas de florestas de coníferas (pinheiros), ou ainda de taiga, e ocupam vastas extensões do norte do Canadá, na América do Norte, e da Rússia, na Eurásia.

As **estepes** são vegetações predominantemente herbáceas, portanto, de gramíneas. Estão presentes na zona temperada do Norte (em países da Europa e da Ásia e na América do Norte) e na zona temperada do Sul, na América do Sul. Na América do Norte e na América do Sul, essa formação vegetal é também denominada **campos** ou **pradarias**.

Formações vegetais típicas da zona temperada no Brasil

No Brasil, encontramos uma formação florestal típica do mundo temperado, a floresta subtropical. Originalmente, ela ocupava algumas áreas da região Sul, que se encontra, em sua maior parte, na zona térmica temperada do Sul. Essa formação florestal, também denominada como Mata das Araucárias, é composta, em grande parte, de pinheiros (*Araucaria angustifolia*), espécies arbóreas aciculifoliadas, isto é, com folhas finas e alongadas, o que evita a excessiva perda de umidade.

Além de pinheiros, a Mata das Araucárias abrigava em seus domínios grande variedade de espécies, como o cedro, a imbuia, a canela e o angico. Essa formação florestal cobria uma área de 200 000 km² (que abrangia trechos serranos de Minas Gerais, do Rio de Janeiro e de São Paulo) no Sudeste e grande parte do território do Paraná, de Santa Catarina e do Rio Grande do Sul, no Sul. Atualmente, essa formação florestal encontra-se praticamente extinta por causa da exploração da madeira para a construção civil e a fabricação de móveis, além de ser usada como matéria-prima no setor industrial de papel e celulose.

As formações vegetais do tipo **campos** no Brasil se localizam, em sua maior parte, nas áreas de clima subtropical, na região Sul do país. Os campos do Rio Grande do Sul são chamados também Campanha Gaúcha ou Pampa Gaúcho.

A exemplo do que ocorre nos demais domínios vegetais brasileiros, a área ocupada pelos campos no Brasil é marcada por intensa ação antrópica. O uso econômico do espaço geográfico dos campos no Brasil é marcado pelo desenvolvimento, entre outras atividades, da pecuária.

Vegetação na zona tropical

Florestas pluviais e savanas

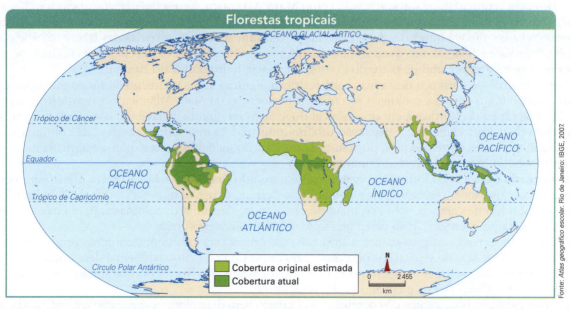

As grandes formações vegetais existentes na zona térmica intertropical, que corresponde às áreas da superfície terrestre situadas entre o trópico de Câncer e o de Capricórnio, são as **florestas pluviais tropicais** e as **savanas**.

As **florestas pluviais tropicais** são típicas das áreas tropicais, onde predominam climas como o tropical úmido.

Elas são compostas predominantemente de árvores de folhas largas, e são denominadas **florestas equatoriais** quando localizadas em áreas de clima equatorial.

Essas florestas apresentam vários estratos ou camadas vegetais. Estima-se que as florestas tropicais pluviais abriguem em seus domínios metade das espécies vegetais do mundo, o que significa que elas apresentam grande diversidade de espécies, isto é, grande biodiversidade – conjunto de todas as espécies que vivem e interagem em determinado lugar.

As **savanas** são formações vegetais predominantemente arbustivas e herbáceas (compostas de arbustos e ervas). Elas se desenvolvem no mundo tropical em áreas de clima tropical semiúmido, portanto apresentam duas estações bem definidas: uma chuvosa (verão), outra seca (inverno). Essas formações vegetais ocupam vastas extensões na América do Sul, na África, no sul e no sudeste da Ásia, na Austrália e na Oceania.

Formações vegetais típicas da zona intertropical no Brasil

O Brasil, por se localizar em sua maior parte na zona intertropical, apresenta extensas áreas cobertas por vegetais típicos dessa zona climática, como as florestas pluviais e as savanas, chamadas no seu território de **cerrados**.

O Brasil abriga, em seu imenso território, **formações florestais pluviais** de importância inestimável, qualquer que seja o aspecto analisado. Elas ocupam área tão vasta e ainda tão pouco explorada que atraem o interesse de cientistas do mundo inteiro. Entre essas formações – hoje bastante devastadas –, destacam-se: a floresta equatorial, também denominada de Floresta Amazônica; e a floresta tropical, também denominada de Mata Atlântica.

A **Floresta Amazônica** ocupa cerca de 40% do território brasileiro, estendendo-se pela quase totalidade do território da região Norte. Essa formação florestal está sempre verde, pois suas folhas não caem durante o ano. É composta de grande variedade de espécies vegetais distribuídas em vários estratos (camadas), que se agrupam densamente, quase todas atingindo grandes alturas.

O processo de devastação da mata de terra firme nas últimas décadas vem se acentuando muito. Isso ocorre, sobretudo, graças à **ação antrópica**, vinculada, por exemplo, à extração da madeira, à exploração mineral e à expansão da **fronteira agrícola**, por meio do uso indiscriminado da queimada.

As queimadas, usadas para preparar o solo para o plantio, provocam uma série de problemas ambientais: prejudicam a biodiversidade, o solo e o clima, agravando o aquecimento global, pois liberam gás carbônico, um dos gases do efeito estufa.

A **floresta tropical**, também conhecida como **Mata Atlântica**, apresenta características muito semelhantes às da Floresta Amazônica. Originalmente, ela ocupava diferentes pontos do país onde há temperaturas elevadas e muita umidade. Entre essas áreas, estavam aquelas localizadas nas faixas litorâneas das regiões Nordeste e Sudeste, nas quais a Mata Atlântica ocupava também vastas extensões do interior, uma vez que se estendia por grande parte do domínio da bacia hidrográfica do Paraná.

Nos dias atuais, a presença dessa mata está restrita a algumas áreas no trecho litorâneo do Sudeste, no qual se encontram grandes conjuntos serranos. A devastação da Mata Atlântica ocorreu historicamente na faixa litorânea do Nordeste, em decorrência do avanço da cultura canavieira, e no Sudeste, graças à expansão da cultura cafeeira e à expansão urbano-industrial. O que sobrou dessa mata continua sendo devastado em várias partes do país, por causa da exploração madeireira, da expansão agrícola e do crescimento urbano-industrial em seus domínios.

O **Cerrado** é a segunda formação vegetal mais extensa do Brasil. Apenas a Floresta Amazônica ocupa espaço maior que ele no território. Originalmente, o Cerrado ocupava quase 25% do território brasileiro. Ele é constituído de campos, sobre os quais se encontram, de forma disseminada, pequenas árvores e arbustos bastante retorcidos, com casca grossa (cortiça) e raízes profundas.

O clima do Cerrado é típico de áreas tropicais, com duas estações bem definidas: verão chuvoso e inverno seco. Esse tipo de vegetação concentra-se no Brasil Central (como também é denominada a região Centro-Oeste), mas aparece também no Pará e em Tocantins, no Norte; no Maranhão e na Bahia, no Nordeste; e em Minas Gerais e em São Paulo, no Sudeste.

O aproveitamento econômico dos domínios do Cerrado vem destruindo a vegetação natural, usada para a prática da pecuária e da agricultura comercial mecanizada, como a direcionada ao cultivo da soja. Isso tem sido alvo, nos dias atuais, de grande preocupação devido ao impacto que pode provocar na região.

Além das florestas tropicais e do Cerrado, destaca-se ainda a ocorrência, na zona intertropical brasileira, da **Caatinga**, constituída de plantas arbóreas, arbustivas e herbáceas, com características xerofíticas (adaptadas a ambientes secos), pois na Caatinga o clima é semiárido, marcado pela escassez de chuvas e por longos períodos de seca. Entre as áreas de ocorrência da Caatinga, destacam-se as situadas no Sertão nordestino e no norte de Minas Gerais.

Unidades de conservação no Brasil

Sistema Nacional de Unidades de Conservação (SNUC)

O Sistema Nacional de Unidades de Conservação da Natureza (SNUC) foi instituído por meio da Lei 9.985, de 18 de julho de 2000, que estabeleceu critérios e normas para a criação, implantação e gestão das unidades de conservação.

Segundo a lei, **unidade de conservação** é o espaço territorial e seus recursos ambientais, com características naturais relevantes e limites definidos, sob regime especial de administração, ao qual se aplicam garantias adequadas de proteção.

De forma bastante abrangente conceitua-se conservação da natureza a partir do manejo do uso humano dessa natureza, compreendendo a preservação, a manutenção, a utilização sustentável, a restauração e a recuperação do ambiente natural. Essa conservação é necessária para que a exploração da natureza possa se fazer de modo a produzir o maior benefício, em bases sustentáveis, às atuais gerações, porém, sem afetar a capacidade futura de satisfazer as necessidades das gerações vindouras.

Dentro desse contexto, entende-se como recurso ambiental a atmosfera, as águas interiores, as superficiais e subterrâneas, os estuários, o mar territorial, o solo, o subsolo, os elementos da biosfera, a fauna e a flora. Nesses dois últimos há ainda que se considerar a diversidade biológica, ou seja, a variabilidade de organismos vivos no interior dos ecossistemas terrestres, aéreos e aquáticos, bem como a diversidade dentro de espécies, entre espécies e de ecossistemas.

Diferentes unidades de conservação existentes no Brasil

As unidades de conservação estão organizadas em dois grupos: as **unidades de proteção integral**, que têm a finalidade de preservar a natureza, admitindo-se apenas o uso indireto dos recursos naturais; e as **unidades de uso sustentável**, em que se concilia a conservação da natureza com o uso sustentável de parte dos recursos naturais.

1 (Enem)

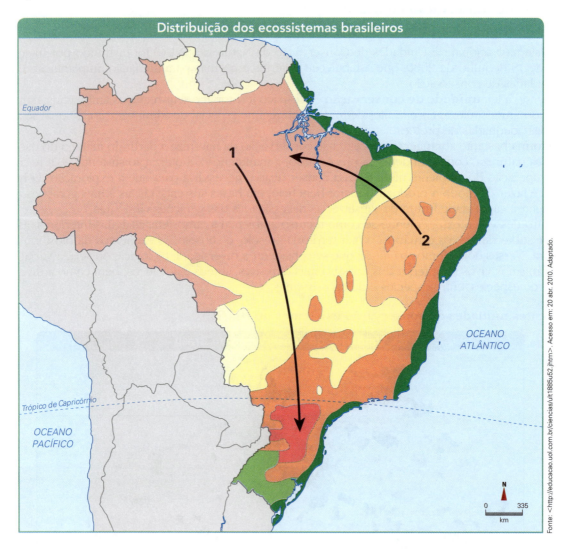

Dois pesquisadores percorreram os trajetos marcados no mapa. A tarefa deles foi analisar os ecossistemas e, encontrando problemas, relatar e propor medidas de recuperação. A seguir, são reproduzidos trechos aleatórios extraídos dos relatórios desses dois pesquisadores.

Trechos aleatórios extraídos do relatório do pesquisador P_1:

I. "Por causa da diminuição drástica das espécies vegetais desse ecossistema, como os pinheiros, a gralha-azul também está em processo de extinção."

II. "As árvores de troncos tortuosos e cascas grossas que predominam nesse ecossistema estão sendo utilizadas em carvoarias."

Trechos aleatórios extraídos do relatório do pesquisador P_2:

III. "Das palmeiras que predominam nessa região podem ser extraídas substâncias importantes para a economia regional."

IV. "Apesar da aridez dessa região, em que encontramos muitas plantas espinhosas, não se pode desprezar a sua biodiversidade."

Os trechos I, II, III e IV referem-se, pela ordem, aos seguintes ecossistemas:

a) Caatinga, Cerrado, Zona dos Cocais e Floresta Amazônica.
b) Mata de Araucárias, Cerrado, Zona dos Cocais e Caatinga.
c) Manguezais, Zona dos Cocais, Cerrado e Mata Atlântica.
d) Floresta Amazônica, Cerrado, Mata Atlântica e Pampa.
e) Mata Atlântica, Cerrado, Zona dos Cocais e Pantanal.

2 (Enem) O gráfico a seguir mostra a área desmatada da Amazônia, em km², a cada ano, no período de 1988 a 2008.

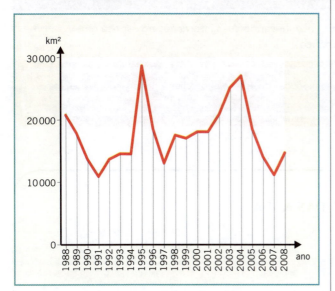

As informações do gráfico indicam que:
a) o maior desmatamento ocorreu em 2004.
b) a área desmatada foi menor em 1997 do que em 2007.
c) a área desmatada a cada ano manteve-se constante entre 1998 e 2001.
d) a área desmatada por ano foi maior entre 1994 e 1995 do que entre 1997 e 1998.
e) o total de área desmatada em 1992, 1993 e 1994 é maior que 60 000 km².

3 Leia o texto a seguir.
[...] Devido às altas escarpas e à relativa escassez de terras nas planícies litorâneas para a agricultura, o litoral da região Sudeste passou à margem dos ciclos econômicos do açúcar e do café, que alteraram profundamente a paisagem do planalto interior. Por isso nessa região há áreas extensas com cobertura florestal preservada.

<www.ib.usp.br/ecosteiros/textos_educ/mata/historia/historia.htm>. Acesso em: 7 jun. 2013.

Assinale a alternativa que destaca corretamente a cobertura vegetal a que se refere o texto.
a) Mata das Araucárias, situada no domínio das altas escarpas do Sudeste de mata ciliar.
b) Mata Atlântica, situada no domínio das altas escarpas do Sudeste de mata de encosta.
c) Mata das Araucárias, situada no domínio das altas escarpas do Sudeste de mata de galerias.
d) Mata Atlântica, situada no domínio das altas escarpas do Sudeste de mata ciliar.
e) Mata das Araucárias, situada no domínio das altas escarpas do Sudeste de mata de encosta.

4 (Enem) Sabe-se que uma área de quatro hectares de floresta, na região tropical, pode conter cerca de 375 espécies de plantas enquanto uma área florestal do mesmo tamanho, em região temperada, pode apresentar entre 10 e 15 espécies.

O notável padrão de diversidade das florestas tropicais se deve a vários fatores, entre os quais é possível citar:
a) altitudes elevadas e solos profundos.
b) a ainda pequena intervenção do ser humano.
c) sua transformação em áreas de preservação.
d) maior insolação e umidade e menor variação climática.
e) alternância de períodos de chuvas com secas prolongadas.

Anotações

AULA 7

Competência 6 Compreender a sociedade e a natureza, reconhecendo suas interações no espaço em diferentes contextos históricos e geográficos.

Habilidade 29 Reconhecer a função dos recursos naturais na produção do espaço geográfico, relacionando-os com as mudanças provocadas pelas ações humanas.

Em classe

DINÂMICA DA NATUREZA: A UTILIZAÇÃO DAS ÁGUAS

Distribuição da água no mundo
- Volume de água doce e salgada.
- Problema da escassez de água doce.
- Distribuição da água doce no Brasil.

Redes e bacias hidrográficas
- Degradação ambiental dos rios.

Hidrografia brasileira
- Riqueza hidrográfica.

1 (Enem)

Por que o nível dos mares não sobe, mesmo recebendo continuamente as águas dos rios?

Essa questão já foi formulada por sábios da Grécia antiga. Hoje responderíamos que:

a) a evaporação da água dos oceanos e o deslocamento do vapor e das nuvens compensam as águas dos rios que deságuam no mar.
b) a formação de geleiras com água dos oceanos, nos polos, contrabalança as águas dos rios que deságuam no mar.
c) as águas dos rios provocam as marés, que as transferem para outras regiões mais rasas, durante a vazante.
d) o volume de água dos rios é insignificante para os oceanos e a água doce diminui de volume ao receber sal marinho.
e) as águas dos rios afundam no mar devido a sua maior densidade, onde são comprimidas pela enorme pressão resultante da coluna de água.

2 (Enem) Algumas medidas podem ser propostas com relação aos problemas da água:

I. Represamento de rios e córregos próximo às cidades de maior porte.
II. Controle da ocupação urbana, especialmente em torno dos mananciais.
III. Proibição do despejo de esgoto industrial e doméstico sem tratamento nos rios e represas.
IV. Transferência de volume de água entre bacias hidrográficas para atender as cidades que já apresentam alto grau de poluição em seus mananciais.

As duas ações que devem ser tratadas como prioridades para a preservação da qualidade dos recursos hídricos são:

a) I e II.   c) II e III.   e) III e IV.
b) I e IV.   d) II e IV.

3 (Enem) Considerando a riqueza dos recursos hídricos brasileiros, uma grave crise de água em nosso país poderia ser motivada por:

a) reduzida área de solos agricultáveis.
b) ausência de reservas de águas subterrâneas.
c) escassez de rios e de grandes bacias hidrográficas.
d) falta de tecnologia para retirar o sal da água do mar.
e) degradação dos mananciais e desperdício no consumo.

4 (Enem) A situação atual das bacias hidrográficas de São Paulo tem sido alvo de preocupações ambientais: a demanda hídrica é maior que a oferta de água e ocorre excesso de poluição industrial e residencial. Um dos casos mais graves de poluição da água é o da bacia do alto Tietê, onde se localiza a região metropolitana de São Paulo. Os rios Tietê e Pinheiros estão muito poluídos, o que compromete o uso da água pela população. Avalie se as ações apresentadas adiante são adequadas para se reduzir a poluição desses rios.

I. Investir em mecanismos de reciclagem da água utilizada nos processos industriais.
II. Investir em obras que viabilizem a transposição de águas de mananciais adjacentes para os rios poluídos.
III. Implementar obras de saneamento básico e construir estações de tratamento de esgotos.

É adequado o que se propõe:
a) apenas em I.
b) apenas em II.
c) apenas em I e III.
d) apenas em II e III.
e) em I, II e III.

Em casa

TEXTOS DE APOIO

Distribuição da água no mundo

Volume de água doce e salgada

O volume de água em nosso planeta é tão grande que às vezes temos a impressão de que é inesgotável, e que não precisamos nos preocupar com sua preservação. Esse fato não é verdadeiro, pois uma análise mais cuidadosa da forma como esse recurso natural se apresenta na Terra, e também da sua distribuição no planeta, nos mostra que ele é bem mais escasso do que imaginamos. Para ter ideia dessa escassez, vamos observar o gráfico abaixo, à esquerda. Do volume total de água disponível na Terra, a presença de água salgada nos oceanos e nos mares representa 97,5%; a de água doce, presente nos rios, nos lagos, nas geleiras e no subsolo (na forma de água subterrânea), representa apenas 2,5%.

Fonte: UNESCO. Disponível em: <http://arquivos.ana.gov.br/institucional/sge/CEDOC/Catalogo/2007/GEOBrasilResumo Executivo_Portugues.pdf>. Acesso em: 21 jun. 2013. Adaptado.

A água é um recurso renovável, graças ao interminável ciclo hidrológico, em atividade desde a formação da hidrosfera e da atmosfera, aproximadamente 3,8 bilhões de anos atrás. Esse ciclo consiste nas fases que a água percorre em sua trajetória no globo terrestre, envolvendo os estados líquido, gasoso e sólido, um verdadeiro mecanismo vivo que sustenta as outras formas de vida no planeta. A água evapora-se dos mares, dos rios e dos lagos e transpira da vegetação, formando as nuvens, que se precipitam sob a forma de chuvas. Ao atingir o solo, parte da água das chuvas infiltra-se nele, abastecendo os aquíferos, enquanto outra parte escoa para os rios, os lagos e os mares, onde recomeça o ciclo.

Problema da escassez de água doce

O problema da escassez de água doce no mundo (na forma líquida e, portanto, de natureza renovável) tem se agravado porque ela está distribuída de forma muito irregular sobre a superfície terrestre. Algumas regiões da Ásia e da África, continentes que apresentam vastas extensões territoriais com ocorrência de climas áridos e desérticos, marcados pela ausência de chuvas, sofrem muito com a falta de água.

A escassez de água potável tem sido até causa de conflitos em algumas regiões do mundo. Na Ásia ocidental, por exemplo, as águas do rio Jordão provocam conflitos entre Israel, Jordânia e Síria; no norte da África, o rio Nilo é disputado pelo Egito, pela Etiópia e pelo Sudão, países que dispõem de poucos mananciais (fontes superficiais ou subterrâneas de água doce, utilizadas para o abastecimento humano e a manutenção de atividades econômicas em determinadas áreas) em seus territórios.

Esse tipo de conflito, segundo muitos analistas, deve se intensificar ao longo do século XXI. Isso significa que muitas áreas que hoje não enfrentam escassez de água passarão por esse problema no futuro, como resultado, principalmente, do aumento da utilização desse recurso pelo setor agrícola (responsável nos dias atuais por mais de 70% do consumo de água doce no mundo) e da ausência de medidas ambientais que preservem a água e seus mananciais (por exemplo, resoluções governamentais que busquem diminuir o desperdício).

Distribuição da água doce no Brasil

A maior parte da água doce disponível na América do Sul, uma das áreas mais ricas do mundo em reservas desse precioso líquido, concentra-se no Brasil, país que detém em seu território aproximadamente 12% do volume total desse recurso no mundo. As reservas de água brasileiras encontram-se principalmente nos rios que integram as grandes redes hidrográficas (conjunto de rios de uma região; nesse conjunto, destacam-se um rio principal, seus afluentes e subafluentes) e no subsolo, especialmente em uma extensa área denominada Aquífero Guarani. Observe o mapa ao lado.

A grande oferta de água doce no Brasil não significa que nosso país não tenha problemas de disponibilidade e acesso em relação a ela: assim como em outras partes do mundo, esse recurso hídrico também se encontra mal distribuído aqui. Um exemplo é o Sertão nordestino, onde as chuvas são bastante escassas.

Os aquíferos podem ser definidos como estruturas rochosas permeáveis que apresentam a propriedade de armazenar e interligar as águas subterrâneas entre seus poros ou fraturas. O Aquífero Guarani, na América do Sul, por exemplo, está presente em uma formação sedimentar de elevada porosidade (e, consequentemente, de elevada capacidade de retenção de água).

Redes e bacias hidrográficas

Rede hidrográfica é um conjunto de rios que se encontram integrados, obedecendo a uma hierarquia definida. Na rede hidrográfica, há um rio principal, para o qual convergem os afluentes e os subafluentes.

A bacia hidrográfica corresponde à área que é banhada pelos rios que integram uma rede hidrográfica. As bacias hidrográficas se encontram separadas umas das outras por unidades de relevo mais elevadas. Esses conjuntos de terras são denominados divisores de águas.

Degradação ambiental dos rios

A questão da escassez de água na maior parte do planeta tende a se agravar ainda mais no futuro, porque atualmente sua exploração é realizada sem controle em muitos países. Não há preocupação com a preservação ambiental em relação aos mananciais, nem em relação à racionalização do uso ou ao reaproveitamento das águas utilizadas.

A degradação (no mundo inteiro) de grande parte dos rios é resultado de ações indiscriminadas praticadas pelos seres humanos, ao se fixarem e desenvolverem suas atividades em determinado espaço natural. Entre essas ações antrópicas, podemos destacar: a devastação das matas ciliares (matas nativas que acompanham os cursos dos rios) e o despejo indiscriminado de poluentes ao longo dos cursos de água. A devastação das matas ciliares contribui para o processo de assoreamento (processo em que rios ou lagos são aterrados por sedimentos que são depositados neles pelas águas das enxurradas, ou de outras maneiras) no leito, tornando os rios mais rasos. Isso limita o escoamento das águas pluviais, fazendo que os rios transbordem com maior frequência, provocando enchentes.

A questão da degradação ambiental dos rios é particularmente grave nos países subdesenvolvidos. Neles, grande parte da população não dispõe de água tratada, sendo obrigada a consumir águas poluídas ou contaminadas. Consequentemente, há incidência muito elevada de doenças que poderiam ser evitadas, caso o saneamento básico fosse eficiente. Considera-se saneamento básico como "o conjunto de ações, serviços e obras que tem por objetivo alcançar níveis crescentes de boas condições ambientais por meio do abastecimento de água potável, da coleta e da disposição sanitária de resíduos líquidos, sólidos e gasosos; da promoção da disciplina sanitária do uso e da ocupação do solo; da drenagem urbana; do controle de vetores de doenças transmissíveis e dos demais serviços e obras especializados". (Lei nº 7.750, de 31 de março de 1992)

Hidrografia brasileira

Riqueza hidrográfica

Fonte: *Atlas geográfico escolar.* Rio de Janeiro: IBGE, 2007. Adaptado.

O Brasil é um dos países no mundo com mais rios, porque em seu território predominam climas como o equatorial e o tropical, caracterizados por apresentar elevados índices pluviométricos. Grande parte das duas maiores bacias hidrográficas mundiais, a Amazônica e a Platina (composta da junção das bacias do Paraná, do Uruguai e do Paraguai), está situada em território brasileiro.

Pela importância do estudo das características e do aproveitamento econômico das grandes bacias hidrográficas, vamos destacar alguns aspectos da hidrografia brasileira.

- Quase todos os cursos fluviais no Brasil apresentam regime pluvial, ou seja, são alimentados pelas águas das chuvas. A exceção fica por conta do rio Amazonas, que apresenta regime misto (pluvial-nival), pois uma pequena parte de suas águas é proveniente do derretimento de neve da Cordilheira dos Andes.

- A grande maioria dos rios brasileiros é de regime pluvial tropical, ou seja, apresenta períodos de cheia no verão e períodos de vazante no inverno. Isso ocorre porque as principais áreas de dispersão dos cursos fluviais brasileiros estão onde o clima dominante é o tropical.

- A quase totalidade dos rios brasileiros é perene ou permanente, ou seja, não secam. Apenas alguns deles, que apresentam suas nascentes no domínio semiárido do Sertão nordestino, são intermitentes ou temporários, secando após um período de estiagem ou seca.

- A maioria dos rios brasileiros apresenta foz em forma de estuário. Entre as exceções, encontra-se o rio Parnaíba (que serve como divisa natural entre o Maranhão e o Piauí), que apresenta foz em delta.

- A maior parte dos rios brasileiros é planáltica, apresentando acentuados desníveis ao longo do curso (corredeiras e quedas-d'água). Por isso, o Brasil, como veremos mais adiante, tem grande potencial para a geração de energia hidrelétrica.

1 (Enem) Segundo uma organização mundial de estudos ambientais, em 2025, "duas de cada três pessoas viverão situações de carência de água, caso não haja mudanças no padrão atual de consumo do produto".

Uma alternativa adequada e viável para prevenir a escassez, considerando-se a disponibilidade global, seria:
a) desenvolver processos de reutilização da água.
b) explorar leitos de água subterrânea.
c) ampliar a oferta de água, captando-a em outros rios.
d) captar águas pluviais.
e) importar água doce de outros estados.

2 (Enem) O artigo 1º da Lei Federal nº 9.433/1997 (Lei das Águas) estabelece, entre outros, os seguintes fundamentos:
I. a água é um bem de domínio público;
II. a água é um recurso natural limitado, dotado de valor econômico;
III. em situações de escassez, os usos prioritários dos recursos hídricos são o consumo humano e a dessedentação de animais;
IV. a gestão dos recursos hídricos deve sempre proporcionar o uso múltiplo das águas.

Considere que um rio nasça em uma fazenda cuja única atividade produtiva seja a lavoura irrigada de milho e que a companhia de águas do município em que se encontra a fazenda colete água desse rio para abastecer a cidade. Considere, ainda, que, durante uma estiagem, o volume de água do rio tenha chegado ao nível crítico, tornando-se insuficiente para garantir o consumo humano e a atividade agrícola mencionada.

Nessa situação, qual das medidas adiante estaria de acordo com o artigo 1º da Lei das Águas?
a) Manter a irrigação da lavoura, pois a água do rio pertence ao dono da fazenda.
b) Interromper a irrigação da lavoura, para se garantir o abastecimento de água para consumo humano.
c) Manter o fornecimento de água apenas para aqueles que pagam mais, já que a água é bem dotada de valor econômico.
d) Manter o fornecimento de água tanto para a lavoura quanto para o consumo humano, até o esgotamento do rio.
e) Interromper o fornecimento de água para a lavoura e para o consumo humano, a fim de que a água seja transferida para outros rios.

3 (Enem) A possível escassez de água é uma das maiores preocupações da atualidade, considerada por alguns especialistas como o desafio maior do novo século. No entanto, tão importante quanto aumentar a oferta é investir na preservação da qualidade e no reaproveitamento da água de que dispomos hoje.

A ação humana tem provocado algumas alterações quantitativas e qualitativas da água:

I. Contaminação de lençóis freáticos.
II. Diminuição da umidade do solo.
III. Enchentes e inundações.

Pode-se afirmar que as principais ações humanas associadas às alterações I, II e III são, respectivamente:

a) uso de fertilizantes e aterros sanitários / lançamento de gases poluentes / canalização de córregos e rios.
b) lançamento de gases poluentes / lançamento de lixo nas ruas / construção de aterros sanitários.
c) uso de fertilizantes e aterros sanitários / desmatamento / impermeabilização do solo urbano.
d) lançamento de lixo nas ruas / uso de fertilizantes / construção de aterros sanitários.
e) construção de barragens / uso de fertilizantes / construção de aterros sanitários.

4 (Enem)

As áreas do planalto do Cerrado – como a Chapada dos Guimarães, a Serra de Tapirapuã e a Serra dos Parecis, em Mato Grosso, com altitudes que variam de 400 m a 800 m – são importantes para a planície pantaneira mato-grossense (com altitude média inferior a 200 m), no que se refere à manutenção do nível de água, sobretudo durante a estiagem. Nas cheias, a inundação ocorre em função da alta pluviosidade nas cabeceiras dos rios, do afloramento de lençóis freáticos e da baixa declividade do relevo, entre outros fatores. Durante a estiagem, a grande biodiversidade é assegurada pelas águas da calha dos principais rios, cujo volume tem diminuído, principalmente nas cabeceiras.

CIÊNCIA HOJE. *Cabeceiras ameaçadas.* Rio de Janeiro: SBPC. Vol. 42, jun. 2008. Adaptado.

A medida mais eficaz a ser tomada, visando à conservação da planície pantaneira e à preservação de sua grande biodiversidade, é a conscientização da sociedade e a organização de movimentos sociais que exijam:

a) a criação de parques ecológicos na área do pantanal mato-grossense.
b) a proibição da pesca e da caça, que tanto ameaçam a biodiversidade.
c) o aumento das pastagens na área da planície, para que a cobertura vegetal, composta de gramíneas, evite a erosão do solo.
d) o controle do desmatamento e da erosão, principalmente nas nascentes dos rios responsáveis pelo nível das águas durante o período de cheias.
e) a construção de barragens, para que o nível das águas dos rios seja mantido, sobretudo na estiagem, sem prejudicar os ecossistemas.

AULA 8

Competência 6 Compreender a sociedade e a natureza, reconhecendo suas interações no espaço em diferentes contextos históricos e geográficos.

Habilidade 26 Identificar em fontes diversas o processo de ocupação dos meios físicos e as relações da vida humana com a paisagem.

Em classe

DINÂMICA GEOLÓGICA E GEOMORFOLÓGICA E IMPACTOS SOCIOAMBIENTAIS

Idade geológica da Terra

- Tempo geológico.

Composição e estrutura da crosta terrestre

- Rochas.
- Estruturas geológicas.

Constituição da litosfera

- Camadas da Terra.
- Placas tectônicas.

Dinâmica do relevo

- Agentes formadores do relevo.
- Agentes modeladores do relevo.
- Classificação do relevo brasileiro.

1 (Enem)

TEIXEIRA, Wilson et al. (Orgs.). *Decifrando a Terra*. São Paulo: Companhia Editora Nacional, 2009. Adaptado.

O esquema mostra depósitos em que aparecem fósseis de animais do período Jurássico. As rochas em que se encontram esses fósseis são:
a) magmáticas, pois a ação de vulcões causou as maiores extinções desses animais já conhecidas ao longo da história terrestre.
b) sedimentares, pois os restos podem ter sido soterrados e litificados com o restante dos sedimentos.
c) magmáticas, pois são as rochas mais facilmente erodidas, possibilitando a formação de tocas que foram posteriormente lacradas.
d) sedimentares, já que cada uma das camadas encontradas na figura simboliza um evento de erosão dessa área representada.
e) metamórficas, pois os animais representados precisavam estar perto de locais quentes.

2 Observe o esquema e leia o texto a seguir.

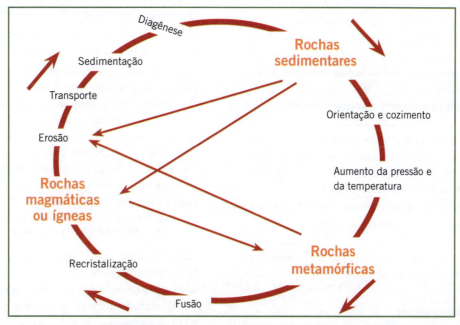

Disponível em: <http://1.bp.blogspot.com/-IXSEQC1Pm2k/Tf5xw84ha2I/AAAAAAAAAHk/sdrsJoRLHhI/s1600/ciclo+das+rochas.jpg>. Acesso em: 25 abr. 2013.

O ciclo das rochas representa as diversas possibilidades de transformação de um tipo de rocha em outro. As setas que interligam as rochas magmáticas ou ígneas, sedimentares e metamórficas indicam processos relacionados à dinâmica geológica da crosta terrestre.

Disponível em: <www.igc.usp.br/replicasold/rochas/ciclo.htm>. Acesso em: 25 abr. 2013.

Com base na observação do esquema e do texto, pode-se dizer que os seres humanos, ao se apropriarem de uma área da superfície terrestre para desenvolver suas atividades econômicas ligadas à exploração mineral:
a) eliminam a possibilidade de uma rocha sedimentar se transformar em uma rocha metamórfica.
b) podem interferir na sua dinâmica geológica natural.
c) eliminam a possibilidade de uma rocha cristalina se transformar em uma rocha metamórfica.
d) não podem interferir na sua dinâmica geológica natural.
e) eliminam a possibilidade de uma rocha sedimentar se transformar em uma rocha vulcânica.

3 Leia os textos a seguir.

Em 1969, a Nasa pediu ao químico inglês James Lovelock que investigasse Vênus e Marte para saber se eles possuíam alguma forma de vida. Analisando nossos vizinhos do Sistema Solar, Lovelock disse que não existia nada que pudesse ser considerado vivo por lá. Mas, ao olhar para a própria Terra, ele concluiu que, além de ser residência de diversas formas de vida, ela mesma se comporta como um grande ser vivo [...]. E batizou esse ser de Gaia, em homenagem à deusa grega da Terra.

Disponível em: <http://mundoestranho.abril.com.br/materia/o-planeta-terra-e-um-ser-vivo>. Acesso em: 25 abr. 2013.

A litosfera é dividida em placas rígidas ou tectônicas, que se movimentam sobre a astenosfera, transportando as áreas continentais e oceânicas. O movimento dessas placas, embora seja relativamente lento (estima-se que a placa Sul-Americana esteja se afastando da Africana, entre 2 a 4 cm por ano), é suficientemente expressivo para provocar, ao longo da escala do tempo geológico, profundas mudanças na configuração da distribuição na superfície da Terra.

Disponível em: <www.drm.rj.gov.br/index.php/projetos-e-atividades/pedagogico/100-pedagogicoteoria>. Acesso em: 25 jun. 2013. Adaptado.

Com base nos textos e no que você sabe sobre a dinâmica da natureza e da vida na Terra, ao longo do tempo geológico, é possível afirmar que:
a) a configuração da distribuição dos continentes na forma que conhecemos nos dias atuais é a definitiva.
b) existe uma relação entre o que foi exposto no primeiro e no segundo texto.
c) não existe uma relação entre o que foi exposto no primeiro e no segundo texto, pois o primeiro trata da evolução da vida e o segundo, da dinâmica das massas continentais.
d) não existe uma relação entre o que foi exposto no primeiro e no segundo texto.
e) existe uma relação entre o que foi exposto no segundo texto e a distribuição dos seres humanos na superfície terrestre.

4 Leia os textos a seguir.

No início de 2010, dois terremotos de grande magnitude atingiram países da região das Américas. No dia 12 de janeiro, um abalo de pouco mais de 7.0 graus na Escala Richter praticamente destruiu a capital haitiana – Porto Príncipe – e as cidades no entorno, matando mais de 220 mil pessoas, desalojando cerca de 1,5 milhão de moradores e arrasando o já problemático sistema nacional de saúde. Quarenta e cinco dias depois, em 27 de fevereiro, foi a vez do Chile. Atingido por um tremor de 8.8 graus, o país contabilizou pouco mais de 500 mortos. A proximidade temporal dos dois eventos, cujas consequências foram completamente distintas, foi o ponto de partida para uma grande reflexão internacional sobre a importância de se construir sistemas nacionais de saúde bem estruturados e fisicamente seguros.

Disponível em: <www.rets.epsjv.fiocruz.br/upload/Revista/pt_br_R25.pdf>. Acesso em: 25 abr. 2013.

Magnitude e intensidade

Existe uma outra medida, diferente da Richter, que é a escala de intensidade dos efeitos do tremor, chamada Mercalli Modificada, sempre estimada.

A Richter indica precisamente a magnitude do terremoto. A MM estima a intensidade do evento.

Ela classifica os efeitos que as ondas de choque provocam em um determinado lugar. É extraída de observação e relatos de vítimas, não de instrumentos. Portanto, está sujeita a subjetividades. Além disso, um tremor de alta magnitude no Japão, com edificações concebidas para resistir a terremotos, atinge pontos na escala Mercalli muito mais baixos do que em um país despreparado para enfrentar o fenômeno.

Disponível em: <http://g1.globo.com/Noticias/Ciencia/0,,MUL1510491-5603,00.html>. Acesso em: 25 abr. 2013.

Com base no que foi exposto nos textos, assinale a afirmativa correta.
a) O tremor de terra que ocorreu no Haiti foi de maior magnitude do que o que ocorreu no Chile.
b) O nível de intensidade de um terremoto é determinado exclusivamente por sua magnitude.
c) No Chile houve mais vítimas do que no Haiti.
d) O nível de intensidade de um terremoto é determinado também pelas condições sociais do lugar onde ele ocorre.
e) O tremor de terra que ocorreu no Haiti foi de menor intensidade do que o que ocorreu no Chile.

Anotações

Em casa

TEXTOS DE APOIO

Idade geológica da Terra

Tempo geológico

Estima-se que a idade do nosso planeta seja de aproximadamente 4,6 bilhões de anos. Para facilitar a compreensão desse tempo, e também do que aconteceu ao longo dele, costuma-se dividi-lo de forma simplificada em eras geológicas e períodos geológicos. Veja na tabela a seguir quais são essas eras e períodos, bem como a duração em anos de cada um deles e alguns dos eventos de natureza biológica – em ordem biocronológica – que ocorreram em cada um deles.

Era	Período	Milhões de anos	Evolução biológica
Cenozoica	Quaternário	0,01	Faunas e floras atuais Primeiras manifestações de arte Sepulturas mais antigas
		1,8	Extinção dos mastodontes e dinotérios Aparecimento dos bois, cavalos e veados
	Neogênico	5,3	Primeiros utensílios de pedra
		23,8	Aparecimento dos hominídeos
	Paleogênico	34,6	
		56	Primeiros roedores
Mesozoica	Cretácio	65	Primeiros primatas Últimos dinossauros Primeiras angiospermas
		145	
	Jurássico	208	
	Triássico		Primeiras aves Primeiros dinossauros
		245	
Paleozoica	Permiano	290	
	Carbonífero		Aparecimento dos répteis Aparecimento dos anfíbios
		363	
	Devoniano		Primeiras gimnospermas Primeiras plantas e primeiros animais terrestres Primeiros peixes
		409	
	Siluriano	439	
	Ordoviciano		
		510	
	Cambriano	544	
	Pré-Cambriano	1000	Reprodução sexuada
		1400	Primeiros depósitos de carvão (algas)
		1800	Oxigênio livre na atmosfera
		2000	Aparecimento de organismos eucariontes
		3100	Primeiros microrganismos procariontes
		3400	Primeiros vestígios de vida
		4600	Formação da Terra

Composição e estrutura da crosta terrestre

Rochas

A crosta terrestre apresenta uma espessura média de 40 quilômetros e é constituída de rochas, portanto, de aglomerados naturais, compostos de um ou mais minerais que se cristalizaram naturalmente. As rochas são classificadas de acordo com a sua origem, em três categorias: ígneas (ou magmáticas), sedimentares e metamórficas.

As rochas ígneas (ou magmáticas) originam-se do resfriamento do magma (rocha fundida existente no interior da crosta), como as intrusivas (ou plutônicas), ou na superfície da crosta, como as extrusivas (ou vulcânicas). Como exemplo de rocha magmática intrusiva (ou plutônica), temos o granito (rocha magmática de granulação grosseira), solidificada em profundidade, composta essencialmente de minerais claros, como o quartzo e o feldspato. Como exemplo de rocha magmática extrusiva (ou vulcânica), temos o basalto (um dos tipos mais comuns).

As rochas sedimentares originam-se da acumulação de detritos rochosos (sedimentos) que são transportados pelas águas de um rio ou da chuva para áreas mais baixas da superfície da crosta. O arenito, por exemplo, é uma rocha de origem sedimentar decorrente da junção dos grãos de areia por meio de um cimento natural.

As rochas metamórficas originam-se da alteração da composição e da estrutura de qualquer tipo de rocha: ígnea, sedimentar ou até mesmo metamórfica (quando são submetidas a elevadas temperaturas ou fortes pressões). O gnaisse e o mármore são exemplos de rochas metamórficas.

Alguns tipos de rochas magmáticas intrusivas ou plutônicas, como o granito, e as rochas metamórficas, como o gnaisse, que estão entre as mais antigas sobre a superfície terrestre, formam o grupo das chamadas rochas cristalinas.

Várias dessas rochas são importantes para o desenvolvimento de uma série de atividades humanas, entre elas o ramo da construção civil, no qual são usadas como matéria-prima vital. Por exemplo: o granito, entre as plutônicas, serve para revestimentos; a areia, o cascalho e o calcário, entre as sedimentares, servem como cimento, reboco, etc.; o gnaisse, também conhecido como brita, serve para pavimentação e ornamentos; já o mármore, entre as metamórficas, é utilizado para revestimentos.

Estruturas geológicas

A crosta terrestre é constituída de três tipos de estruturas geológicas: os escudos cristalinos ou maciços antigos, as bacias sedimentares, e os dobramentos modernos.

Os escudos cristalinos correspondem às regiões formadas por rochas cristalinas (de origem ígnea intrusiva e metamórfica), como o granito e o gnaisse (em sua maior parte de origem Pré-Cambriana). Economicamente são importantes porque neles podem ser encontrados minerais metálicos, como os minérios de ferro.

As bacias sedimentares correspondem às áreas formadas por rochas sedimentares, como a areia, o arenito e a argila, que se originaram nas três eras (Paleozoica, Mesozoica e Cenozoica). São importantes economicamente porque nelas pode ocorrer a formação de combustíveis fósseis, como o carvão mineral, o petróleo e o gás natural.

Os dobramentos modernos são estruturas constituídas por rochas ígneas e sedimentares pouco resistentes que foram afetadas pela ação de forças formadoras do relevo durante o período Terciário, resultando no enrugamento e originando as cadeias montanhosas ou cordilheiras, como os Andes, na América do Sul, o Himalaia, na Ásia, e os Alpes, na Europa.

A estrutura geológica do Brasil é marcada pela existência de três tipos de terrenos: as bacias sedimentares, os escudos cristalinos e os terrenos vulcânicos.

Os terrenos vulcânicos correspondem, em sua maior parte, às áreas da Bacia Sedimentar do Paraná, no Sul do Brasil, que, durante a era Mesozoica, sofreram a ação de intensos derrames vulcânicos. Nesses terrenos, as lavas de vulcões esparramaram-se por cerca de 1 milhão de km² e originaram rochas como o basalto. Nessas áreas, é comum a presença de um dos tipos de solos mais férteis do Brasil: a terra roxa, formada pela decomposição do basalto.

Constituição da litosfera

Camadas da Terra

Tomando como referência o comportamento físico ou a rigidez dos materiais que compõem a Terra, ela costuma ser dividida em quatro camadas:
- a litosfera (que abrange a área ocupada pela crosta e o manto superior e apresenta comportamento físico sólido);
- a astenosfera (que abrange a área ocupada pela crosta terrestre e o manto superior e apresenta comportamento físico, sob pressão, plástico);
- a mesosfera (que abrange a área ocupada pelo manto inferior e apresenta comportamento físico líquido e sólido);
- a endosfera (que abrange a área ocupada pelo núcleo e apresenta comportamento líquido na sua zona externa e sólido na sua zona interna).

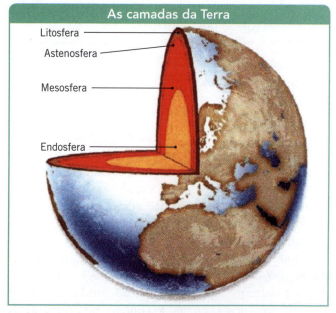

Modelo baseado na rigidez dos materiais do interior da Terra.

Placas tectônicas

A litosfera apresenta uma espessura em torno de 100 km e é constituída de placas rígidas, denominadas tectônicas ou continentais, que se movimentam continuamente sobre a astenosfera. Essas placas movimentam-se de forma relativamente lenta. Estima-se que a placa Sul-Americana esteja se afastando da Africana de 2 a 4 cm por ano. No entanto, elas provocam, ao longo do tempo geológico, contínuas mudanças na configuração da distribuição das massas continentais e oceânicas.

Entre os eventos de natureza paleogeográfica e biocronológica que ocorreram em cada uma das eras geológicas, pode-se citar, por exemplo: no Pré-Cambriano, a formação e ruptura de um grande bloco de terras emersas (o continente de Rodínia); na era Paleozoica, a formação de um grande continente, a Pangeia; na era Mesozoica, a fragmentação da Pangeia, dando origem a dois grandes continentes, a Laurásia e Gondwana; na era Cenozoica, a fragmentação da Laurásia e Gondwana, dando origem aos continentes que conhecemos nos dias atuais.

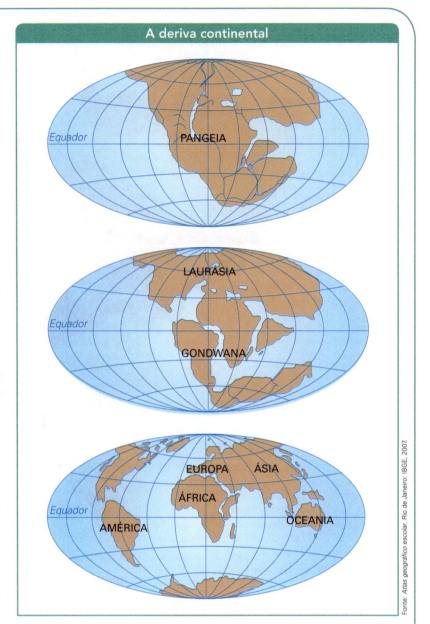

A deriva continental

Fonte: *Atlas geográfico escolar*. Rio de Janeiro: IBGE, 2007.

Dinâmica do relevo

Agentes formadores do relevo

A superfície terrestre é constituída de conjuntos rochosos que, submetidos a uma dinâmica contínua, estão permanentemente em transformação, graças à ação de um número muito grande de agentes formadores (tectônicos ou internos) e modeladores (externos) do relevo.

Os agentes tectônicos, ou formadores do relevo, são aqueles que agem de dentro para fora, sobre a crosta, e estão associados à ação da epirogênese (movimento da crosta terrestre, que provoca o soerguimento ou rebaixamento da crosta), da orogênese (movimento que provoca o dobramento da crosta), vulcânica e sísmica.

As forças formadoras do relevo decorrem, em grande parte, da movimentação das placas tectônicas, que se movem sobre a astenosfera em velocidade e direção diferenciadas. Isso faz que uma se atrite contra a outra, se afaste da outra, ou, ainda, colida com a outra, criando condições para a ocorrência generalizada (nessas zonas de contato) de dobramentos, abalos sísmicos e atividade vulcânica.

Os dobramentos, por terem se formado no período Terciário da era Cenozoica, são também chamados de dobramentos modernos, montanhas jovens ou de origem terciária.

Nesses conjuntos montanhosos de origem terciária encontramos os picos mais elevados do nosso planeta, entre os quais se destacam como os de maior altitude o Everest (8 848 m), na Cordilheira do Himalaia, e o Aconcágua (6 962 m), na Cordilheira dos Andes.

No Brasil não identificamos a ação de forças formadoras de relevo decorrentes da movimentação das placas tectônicas pois o seu território ocupa a parte central da placa tectônica em que ele se localiza. Isso explica, inclusive, porque no Brasil não ocorre atividade vulcânica nem atividade sísmica de grande magnitude.

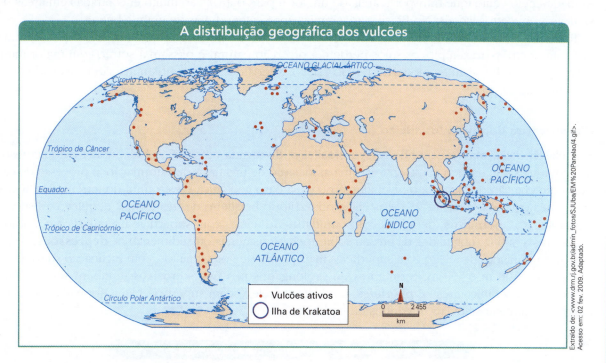

Extraído de: <www.drm.rj.gov.br/admin_fotos/SJUba/EM%20Panelao/4.gif>. Acesso em: 02 fev. 2009. Adaptado.

Agentes modeladores do relevo

Os agentes externos (ou modeladores) agem sobre o relevo, principalmente por meio da ação corrosiva: por atrito, pela queda de meteoros ou por intemperismo (conjunto de processos físicos, químicos e biológicos que ocasionam a desintegração e a decomposição das rochas por ação de agentes erosivos, como a chuva, o vento, a insolação, entre outros).

Entre os agentes erosivos responsáveis pelo desgaste físico das formações rochosas da crosta e também pelo transporte dos sedimentos produzidos nesse processo para as áreas de sedimentação, destacam-se: as águas pluviais, as águas fluviais, as águas marinhas, o vento e a ação dos seres humanos.

A ação das **águas pluviais** (águas das chuvas) sobre uma formação varia em função do tipo de rocha, da inclinação e da intensidade das chuvas (nível de precipitação pluviométrica). Isso significa que, quanto maior for a fragilidade e a inclinação de uma unidade de relevo (planaltos, depressões e planícies) ou da formação rochosa, bem como a quantidade de chuvas que caem sobre ela, maior será o desgaste erosivo que ela vai sofrer ao longo do tempo ou ainda o acúmulo de sedimentos.

A ação das **águas fluviais** (águas dos rios) sobre uma formação rochosa se verifica, entre outras formas, pela escavação do leito dos cursos fluviais e pelo modelado do relevo que o cerca. As diferenças de composição das rochas atravessadas por um curso fluvial e, consequentemente, de resistência ao processo erosivo são responsáveis pela ocorrência, ao longo de seu curso, de acidentes geográficos, como as cachoeiras.

A ação das **águas marinhas** (águas do mar) sobre uma formação rochosa se verifica na zona de contato entre os mares e as terras emersas, isto é, entre as águas oceânicas e as massas continentais e insulares (ilhas) existentes na superfície terrestre. Esse tipo de ação se dá, sobretudo, por meio de ondas ou vagas que rebentam sobre as formações rochosas litorâneas. Tal ação, de acordo com a intensidade e o grau de resistência das rochas, determina a formação de costas altas ou escarpadas (como os penhascos e as falésias) ou de costas baixas (como as praias).

A ação dos **ventos** sobre o relevo é observada, principalmente, em áreas com pouca intensidade de chuvas.

Os melhores exemplos da ação dos ventos sobre o modelado terrestre são as dunas, montes de areia formados pelo vento (que transporta areia de um local para outro). São muito encontradas em áreas desérticas e em certos litorais. No Brasil, várias praias apresentam dunas de grande beleza.

Também é importante lembrar a **ação humana** sobre o relevo terrestre. Em áreas que sofreram desmatamento, por exemplo, os solos perdem a proteção natural e passam a sofrer, com maior intensidade, a ação dos agentes modeladores do relevo. Sérios desastres ambientais são provocados pela ação humana.

Classificação do relevo brasileiro

A classificação mais recente do relevo brasileiro, divulgada em 1995, foi elaborada pelo professor Jurandyr Ross. Ele utilizou como critério uma associação de três tipos de informação: o processo de erosão/sedimentação dominante; o nível altimétrico; e a base geológica e estrutural do terreno. De acordo com esses critérios, constata-se a existência no território brasileiro de três formas de relevo (observe a figura abaixo): **planaltos**, definidos como unidades de relevo com superfície irregular, com altitudes superiores a 300 m, originados da erosão sobre rochas cristalinas ou sedimentares; **depressões**, definidas como unidades de relevo com superfícies mais planas que os planaltos, com inclinação suave e altitudes entre 100 m e 500 m, resultantes de prolongados processos erosivos (também sobre rochas cristalinas ou sedimentares); e **planícies**, unidades de relevo com superfície plana, formadas pelo acúmulo de sedimentos fluviais, marinhos ou lacustres.

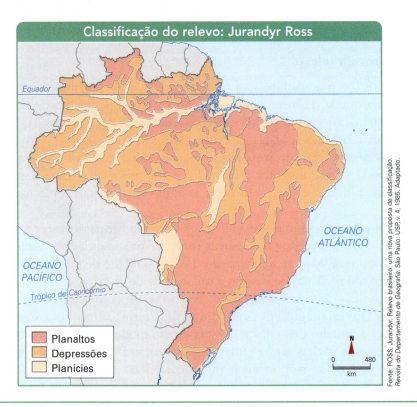

Fonte: ROSS, Jurandyr. Relevo brasileiro: uma nova proposta de classificação. *Revista do Departamento de Geografia*. São Paulo: USP, v. 4, 1985. Adaptado.

1 (Enem)

Era	Período	Milhões de anos	Evolução biológica
Cenozoica	Quaternário	0,01	Faunas e floras atuais Primeiras manifestações de arte Sepulturas mais antigas
		1,8	Extinção dos mastodontes e dinotérios Aparecimento dos bois, cavalos e veados Primeiros utensílios de pedra
	Neogênico	5,3	
		23,8	Aparecimento dos hominídeos
	Paleogênico	34,6	
		56	Primeiros roedores
		65	Primeiros primatas Últimos dinossauros Primeiras angiospermas
Mesozoica	Cretácio	145	
	Jurássico	208	
	Triássico	245	Primeiras aves Primeiros dinossauros
Paleozoica	Permiano	290	
	Carbonífero	363	Aparecimento dos répteis Aparecimento dos anfíbios Primeiras gimnospermas Primeiras plantas e primeiros animais terrestres Primeiros peixes
	Devoniano	409	
	Siluriano	439	
	Ordoviciano	510	
	Cambriano	544	
Pré-Cambriano		1000 1400 1800 2000 3100 3400 4600	Reprodução sexuada Primeiros depósitos de carvão (algas) Oxigênio livre na atmosfera Aparecimento de organismos eucariontes Primeiros microrganismos procariontes Primeiros vestígios de vida Formação da Terra

Considerando o esquema acima, assinale a opção correta.
a) Quando os primeiros hominídeos apareceram na Terra, os répteis já existiam há mais de 500 milhões de anos.
b) Quando a espécie *Homo sapiens* surgiu no planeta, América do Sul e África estavam fisicamente unidas.
c) No Pré-Cambriano, surgiram, em meio líquido, os primeiros vestígios de vida no planeta.
d) A fragmentação da Pangeia ocasionou o desaparecimento dos dinossauros.
e) A era Mesozoica durou menos que a Cenozoica.

2 (Enem)

O continente africano há muito tempo desafia os geólogos porque toda a sua metade meridional, a que fica ao sul, ergue-se a mais de 1 000 metros sobre o nível do mar. [...] Uma equipe de pesquisadores apresentou uma solução desse desafio sugerindo a existência de um esguicho de lava subterrânea empurrando o planalto africano de baixo para cima.

Superinteressante. São Paulo: Abril, nov. 1998, p. 12. Adaptado.

Considerando a formação do relevo terrestre, é correto afirmar, com base no texto, que a solução proposta é:
a) improvável, porque as formas do relevo terrestre não se modificam há milhões de anos.
b) pouco fundamentada, pois as forças externas, como as chuvas e o vento, são as principais responsáveis pelas formas de relevo.
c) plausível, pois as formas de relevo resultam da ação de forças internas e externas, sendo importante avaliar os movimentos mais profundos no interior da Terra.
d) plausível, pois a mesma justificativa foi comprovada nas demais regiões da África.
e) injustificável, porque os movimentos mais profundos no interior da Terra não interferem nos acidentes geográficos que aparecem na sua superfície.

3 (Enem) O gráfico abaixo representa o fluxo (quantidade de água em movimento) de um rio, em três regiões distintas, após certo tempo de chuva.

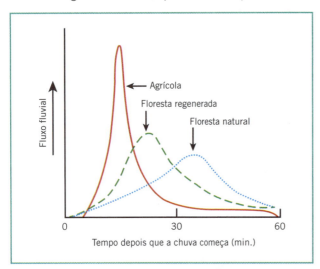

Comparando-se, nas três regiões, a interceptação da água da chuva pela cobertura vegetal, é correto afirmar que tal interceptação:
a) é maior no ambiente natural preservado.
b) independe da densidade e do tipo de vegetação.
c) é menor nas regiões de florestas.
d) aumenta quando aumenta o grau de intervenção humana.
e) diminui à medida que aumenta a densidade da vegetação.

4 (Enem) Muitos processos erosivos se concentram nas encostas, principalmente aqueles motivados pela água e pelo vento.

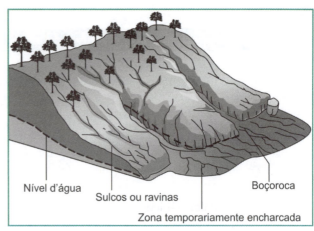

TEIXEIRA, Wilson. et al. (Orgs.). *Decifrando a Terra*. São Paulo: Companhia Editora Nacional, 2009. Adaptado.

No entanto, os reflexos também são sentidos nas áreas de baixada, onde geralmente há ocupação urbana. Um exemplo desses reflexos na vida cotidiana de muitas cidades brasileiras é:
a) a maior ocorrência de enchentes, já que os rios assoreados comportam menos água em seus leitos.
b) a contaminação da população pelos sedimentos trazidos pelo rio e carregados de matéria orgânica.
c) o desgaste do solo nas áreas urbanas, causado pela redução do escoamento superficial pluvial na encosta.
d) a maior facilidade de captação de água potável para o abastecimento público, já que é maior o efeito do escoamento sobre a infiltração.
e) o aumento da incidência de doenças como a amebíase na população urbana, em decorrência do escoamento de água poluída do topo das encostas.

Site recomendado

Visite o *site* <www.iag.usp.br/siae98/geofisica/aterra.html>. Acesso em: 7 jun. 2013.
Nesse *site* você encontra informações a respeito da estrutura, composição e evolução da Terra, envolvendo suas camadas mais profundas, sua origem e evolução.

Anotações

AULA 9

Competência 2 Compreender as transformações dos espaços geográficos como produto das relações socioeconômicas e culturais de poder.

Habilidade 9 Comparar o significado histórico-geográfico das organizações políticas e socioeconômicas em escala local, regional ou mundial.

Em classe

GLOBALIZAÇÃO ECONÔMICA
Causas e implicações econômicas
Processo de mundialização da produção fabril
Implicações políticas
Blocos econômicos

1 (Enem)

Um certo carro esporte é desenhado na Califórnia, financiado por Tóquio, o protótipo criado em Worthing (Inglaterra) e a montagem é feita nos EUA e México, com componentes eletrônicos inventados em Nova Jérsei (EUA), fabricados no Japão. [...]. Já a indústria de confecção norte-americana, quando inscreve em seus produtos 'made in USA', esquece de mencionar que eles foram produzidos no México, Caribe ou Filipinas.

ORTIZ, Renato. *Mundialização e cultura.*

O texto ilustra como em certos países produz-se tanto um carro esporte caro e sofisticado quanto roupas que nem sequer levam uma etiqueta identificando o país produtor. De fato, tais roupas costumam ser feitas em fábricas – chamadas "maquiladoras" – situadas em zonas francas, onde os trabalhadores nem sempre têm direitos trabalhistas garantidos.

A produção nessas condições indicaria um processo de globalização que:

a) fortalece os Estados Nacionais e diminui as disparidades econômicas entre eles pela aproximação entre um centro rico e uma periferia pobre.
b) garante a soberania dos Estados Nacionais por meio da identificação da origem de produção dos bens e mercadorias.
c) fortalece igualmente os Estados Nacionais por meio da circulação de bens e capitais e do intercâmbio de tecnologia.
d) compensa as disparidades econômicas pela socialização de novas tecnologias e pela circulação globalizada da mão de obra.
e) reafirma as diferenças entre um centro rico e uma periferia pobre, tanto dentro como fora das fronteiras dos Estados Nacionais.

2 (Enem – Adaptada) Um dos fenômenos mais discutidos e polêmicos da atualidade é a globalização, a qual impacta de forma negativa:
a) na mão de obra desqualificada, desacelerando o fluxo migratório.
b) nos países subdesenvolvidos, aumentando o crescimento populacional.
c) exclusivamente no desenvolvimento econômico dos países industrializados desenvolvidos.
d) nos países subdesenvolvidos, provocando o fenômeno da "exclusão social".
e) na mão de obra qualificada, proporcionando o crescimento de ofertas de emprego e fazendo os salários caírem vertiginosamente.

Texto para as próximas 2 questões:

Você está fazendo uma pesquisa sobre a globalização e lê a seguinte passagem, em um livro:

A sociedade global

As pessoas se alimentam, se vestem, moram, se comunicam, se divertem, por meio de bens e serviços mundiais, utilizando mercadorias produzidas pelo capitalismo mundial, globalizado.

Suponhamos que você vá com seus amigos comer Big Mac e tomar Coca-Cola no McDonald's. Em seguida, assiste a um filme de Steven Spielberg e volta para casa num ônibus de marca Mercedes.

Ao chegar em casa, liga seu aparelho de TV Philips para ver o videoclipe de Michael Jackson e, em seguida, deve ouvir um CD do grupo Simply Red, gravado pela BMG Ariola Discos em seu equipamento AIWA.

Veja quantas empresas transnacionais estiveram presentes nesse seu curto programa de algumas horas.

PRAXEDES, Walter. et al. *O Mercosul*. São Paulo: Ática, 1997. Adaptado.

3 (Enem) Com base no texto e em seus conhecimentos de Geografia e História, marque a resposta correta.
a) O capitalismo globalizado está eliminando as particularidades culturais dos povos da Terra.
b) A cultura, transmitida por empresas transnacionais, tornou-se um fenômeno criador das novas nações.
c) A globalização do capitalismo neutralizou o surgimento de movimentos nacionalistas de forte cunho cultural e divisionista.
d) O capitalismo globalizado atinge apenas a Europa e a América do Norte.
e) Empresas transnacionais pertencem a países de uma mesma cultura.

4 (Enem) A leitura do texto ajuda você a compreender que:
I. A globalização é um processo ideal para garantir o acesso a bens e serviços para toda a população.
II. A globalização é um fenômeno econômico e, ao mesmo tempo, cultural.
III. A globalização favorece a manutenção da diversidade de costumes.
IV. Filmes, programas de TV e música são mercadorias como quaisquer outras.
V. As sedes das empresas transnacionais mencionadas são os EUA, Europa Ocidental e Japão.

Destas afirmativas estão corretas:
a) I, II e IV, apenas.
b) II, IV e V, apenas.
c) II, III e IV, apenas.
d) I, III e IV, apenas.
e) III, IV e V, apenas.

Em casa

TEXTOS DE APOIO

Causas e implicações econômicas

Denomina-se globalização econômica o aumento do processo de interação entre as economias dos países, que resultou na elevação do nível de integração comercial e financeira mundial. Esse fenômeno foi decorrente de uma série de transformações nas últimas décadas, especialmente no campo da tecnologia das telecomunicações, dos transportes e da informática, que resultaram no que se denomina, de forma figurada, "encurtamento das distâncias no mundo".

Segundo muitos analistas, o processo de globalização que estamos vivendo nos dias atuais começou com o desenvolvimento das grandes navegações marítimas, no século XVI, e não parou de se expandir.

Fonte: Disponível em: <www.revista.vestibular.uerj.br/questao/busca-questao-imprimir.php?aseq_disciplina=5>. Acesso em: 24 jun. 2013. Adaptado.

Nas últimas décadas, a percepção desse fenômeno deve-se à intensificação da atuação de empresas que funcionam como "carros-chefes" desse processo, denominadas transnacionais ou multinacionais, que operam em vários países. Outro aspecto que contribuiu para o fortalecimento da globalização foi o avanço tecnológico nos setores de transportes, telecomunicações e informática.

O desenvolvimento no setor de transportes foi marcado por grande evolução tecnológica, especialmente no campo marítimo e aéreo, viabilizando a fabricação de navios e aviões com maior capacidade de carga e velocidade de deslocamento. Com isso, o transporte de pessoas e mercadorias por longas distâncias tornou-se bem mais eficiente e menos oneroso, "encurtando as distâncias" entre os países e, dessa forma, contribuindo para a expansão das empresas transnacionais ou multinacionais.

O avanço tecnológico no setor de telecomunicação e da informática contribuiu para a formação de uma nova realidade social e econômica no mundo dos negócios: em qualquer parte do mundo, os acontecimentos são divulgados instantaneamente por meio de telefone, rádio, fax ou internet, o que viabiliza às empresas transnacionais exercer o controle, em escala planetária, de seus negócios.

Além da tecnologia, existem outros fatores que precisam ser lembrados. Um deles refere-se à criação de organismos internacionais, como o Fundo Monetário Internacional (FMI), organização cujo principal objetivo é manter a estabilidade monetária e financeira do mundo e oferecer empréstimos a países em dificuldades econômicas. Outro órgão importante é o Banco Mundial, que oferece financiamentos aos países menos desenvolvidos com o objetivo de promover avanços infraestruturais. Também merece destaque nesse processo de globalização a Organização Mundial do Comércio (OMC), que reúne mais de 150 países e tem como principal objetivo regulamentar o comércio mundial e resolver disputas comerciais entre as nações.

Entre as implicações decorrentes da intensificação do processo de globalização econômica, podemos citar, além do crescimento dos fluxos comerciais e financeiros entre os países, a mundialização ou internacionalização da produção fabril ou industrial.

Processo de mundialização da produção fabril

O processo de mundialização da produção fabril é uma das características mais marcantes do processo de globalização que vem ocorrendo no mundo. Como decorrência desse processo, tornou-se comum a transferência de unidades de produção, como uma fábrica ou parte dela, de um país para outro, e, consequentemente, da oferta, no mercado, de um produto cujas partes são fabricadas em vários países.

Entre os fatores que contribuíram para que esse fenômeno se desenvolvesse, destaca-se o avanço que ocorreu nos setores de transporte e da informação, nas últimas décadas, que viabilizou que as empresas transnacionais pudessem fabricar os seus produtos, ou parte deles, onde encontrassem condições mais vantajosas para fabricá-los a baixo custo.

Essa internacionalização da produção fabril deslocou muitas atividades para áreas que apresentavam condições mais vantajosas de produção, como mão de obra mais barata e política fiscal menos onerosa. Isso fez com que as taxas de desemprego aumentassem em muitos países que sediavam essas empresas.

Implicações políticas

A intensificação do processo de globalização tem provocado também o aumento da interação política e econômica entre os países, o que contribuiu para a formação de uma série de fóruns internacionais para discutir assuntos de interesse comum, em escala global. Entre esses fóruns de debate ou discussão, podemos citar o Grupo dos Oito (G-8) e o Grupo dos 20 (G-20 Financeiro).

O Grupo dos Oito (G-8) é um fórum de debate que acontece anualmente para discutir o posicionamento das sete maiores potências econômicas (mais a Rússia) diante de grandes questões mundiais. Fazem parte do G-8: o Canadá, os Estados Unidos, o Japão, a Alemanha, o Reino Unido, a França, a Itália e a Rússia.

Até 2008, o G-8 orientava muitas ações macroeconômicas globais, porém, como a crise econômica mundial afetou profundamente a maioria dos seus membros, notava-se que esse grupo não teria plenas condições para resolver alguns problemas financeiros. Sendo assim, houve o fortalecimento do G-20 Financeiro, grupo composto pelos membros do G-8 mais 11 economias emergentes e/ou desenvolvidas: México, Brasil, Argentina, África do Sul, Arábia Saudita, Turquia, Índia, China, Coreia do Sul, Indonésia e Austrália. O vigésimo membro desse grupo é a União Europeia, representando a maioria dos países dessa organização.

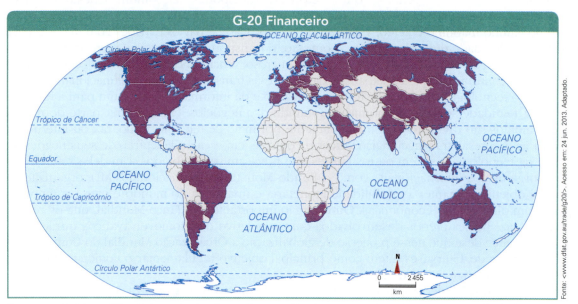

Grupo que engloba as 20 maiores economias do mundo e que discute as principais ações para superação da atual crise.

No contexto do processo de intensificação da globalização econômica também ganham força política as Organizações Não Governamentais (ONGs), associações criadas no âmbito da sociedade civil, sem fins lucrativos, com o objetivo de defender interesses públicos por meio da mudança de determinados aspectos da sociedade. A ação de muitas dessas ONGs ocorre em escala planetária e compõe o que se denomina usualmente de "terceiro poder".

Blocos econômicos

A intensificação do processo de globalização econômica resultou no interesse de muitos países do mundo de fortalecer de forma conjunta suas economias no cenário internacional, o que favoreceu o fortalecimento e também a criação de novos blocos econômicos regionais no mundo. Pode-se destacar pela importância que apresentam na região em que se encontram e pela projeção internacional: o Nafta, na condição de uma área de livre-comércio; o Mercosul, na condição de uma união aduaneira; e a União Europeia, na condição de uma união monetária.

O **Nafta** – Acordo Norte-Americano de Livre-Comércio – é integrado pelo Canadá, Estados Unidos e México. Entrou em vigor em janeiro de 2004, na forma de uma zona de livre-comércio, com prazo de 15 anos para a total eliminação das barreiras alfandegárias entre os três países.

Os países que integram o Nafta apresentam, em conjunto, extensão territorial superior a 20 milhões de quilômetros quadrados. Em 2007, abrigavam uma população da ordem de 440 milhões de habitantes, dos quais aproximadamente 25% viviam no México. As desigualdades socioeconômicas no Nafta são bastante acentuadas: o México, por exemplo, é responsável por aproximadamente 8% do Produto Interno Bruto total desse bloco econômico, e o padrão de vida de sua população é inferior ao da população dos Estados Unidos e do Canadá.

O **Mercosul** (Mercado Comum do Sul) foi criado em 1991, quando os representantes dos países-membros – Argentina, Brasil, Paraguai e Uruguai – assinaram o Tratado de Assunção, que estabeleceu as bases de funcionamento do bloco.

Esse tratado estabelecia, entre outros aspectos, que o Mercosul iria funcionar, inicialmente, como uma zona de livre-comércio (nesse tipo de bloco econômico, os acordos definidos pelos países-membros têm como objetivo eliminar gradativamente as tarifas alfandegárias sobre os artigos que produzem e comercializam). Posteriormente, funcionaria como uma união aduaneira (nesse tipo de bloco econômico, os acordos definidos pelos países-membros objetivam – além de eliminar gradativamente as tarifas alfandegárias incidentes sobre os artigos que produzem e comercializam – estabelecer uma Tarifa Externa Comum para os produtos importados). Isso ocorreu em 1º de janeiro de 1995. Dessa forma, ao longo dos anos 1990, como estava previsto, foram eliminadas as barreiras alfandegárias da maior parte dos produtos comercializados entre os países-membros do Mercosul. A eliminação não atingiu todos os produtos porque há ainda algumas divergências em relação à definição das Tarifas Externas Comuns (TEC), ou seja, às taxas alfandegárias impostas aos produtos importados, como resultado das diferenças existentes entre a potencialidade dos parques industriais dos países-membros.

A **União Europeia** originou-se de blocos econômicos que foram criados por países capitalistas europeus no pós-guerra, para fortalecer suas economias, alargando os horizontes de mercado para suas produções e também aumentando a competitividade de suas empresas no mercado internacional.

Hoje a organização é uma união econômica e monetária que apresenta um nível de integração entre os países-membros superior ao verificado na união aduaneira. Tal nível de integração deve-se ao fato de existir, nesse tipo de bloco econômico, a livre circulação de mercadorias, de capitais e de trabalhadores, além de uma moeda única (euro) e uma política monetária comum. O único exemplo de união econômica e monetária existente no mundo é mesmo a União Europeia. A instituição do euro como moeda única da União Europeia, conforme previa o Tratado de Maastricht, ocorreu em 1º de janeiro de 1999. No entanto, alguns membros, como Dinamarca, Reino Unido e Suécia, não puderam adotar a nova moeda porque não haviam cumprido todas as exigências definidas pelos órgãos monetários da União Europeia ou optaram por não aderir à zona do euro.

1 (Enem – Adaptada)

O G-20 é o grupo que reúne os países do G-8, os mais industrializados do mundo (EUA, Japão, Alemanha, França, Reino Unido, Itália, Canadá e Rússia), a União Europeia e os principais emergentes (Brasil, Índia, China, África do Sul, Arábia Saudita, Argentina, Austrália, Coreia do Sul, Indonésia, México e Turquia). Esse grupo de países vem ganhando força nos fóruns internacionais de decisão e consulta.

ALLAN, R. Crise global.
Disponível em: <http://conteudoclippingmp.planejamento.gov.br>. Acesso em: 31 jul. 2010.

Entre os países emergentes que formam o G-20, estão os chamados Brics (Brasil, Rússia, Índia, China e África do Sul), termo criado em 2001 para referir-se aos países que:

a) apresentam características econômicas promissoras para as próximas décadas.
b) possuem base tecnológica mais elevada.
c) apresentam índices de igualdade social e econômica mais acentuados.
d) apresentam diversidade ambiental suficiente para impulsionar a economia global.
e) possuem similaridades culturais capazes de alavancar a economia mundial.

2 (UFRJ – Adaptada) A Argentina, o Brasil, o Paraguai, o Uruguai e a Venezuela formam o Mercosul (Mercado Comum do Sul), o organismo que estabelece as regras e os procedimentos para a integração econômica entre os quatro países. Sobre este bloco econômico, é correto afirmar que:

a) integra países com povoamento, dinâmica econômica e nível de renda muito diferentes.
b) estabelece "fronteiras abertas" para o livre deslocamento de pessoas, produtos e capitais.
c) permite a livre circulação dos bens industriais sem restrições e barreiras alfandegárias.
d) restringe os fluxos migratórios devido às rivalidades históricas existentes dentro do bloco.
e) amplia a competitividade do setor agropecuário devido à diferença no valor da terra.

3 (Unesp) Mercosul, Nafta, União Europeia são os exemplos mais conhecidos de blocos econômicos ou organizações internacionais definidas por um processo de integração econômica. Para que o processo se concretize, a teoria do comércio internacional define quatro situações clássicas de integração econômica. São elas:

a) União Aduaneira, Mercado Comum, polos de atração de investimentos do mundo e Zona de Preferências Tarifárias.
b) Zona de Livre-Comércio, potencial agrícola, investimentos na área de infraestrutura física e União Aduaneira.
c) União Econômica e Monetária, Zona de Preferências Tarifárias, Zona de Livre-Comércio, investimentos na área de infraestrutura física.
d) Zona de Preferências Tarifárias, Zona de Livre-Comércio, União Aduaneira e polos de atração de investimentos do mundo.
e) Zona de Livre-Comércio, União Aduaneira, Mercado Comum e União Econômica e Monetária.

4 (UFRJ) Devido ao processo de globalização da economia, será possível afirmar que as empresas transnacionais:

a) investem apenas em países que praticam baixas taxas de juros, aproveitando facilidades na obtenção de crédito.
b) investem apenas em países que oferecem um mercado consumidor expressivo, já que a produção destina-se ao mercado interno.
c) dispõem de grande mobilidade territorial, sendo que seus investimentos restringem-se a países que integram blocos econômicos comerciais.
d) investem em países aliados aos Estados Unidos, por determinação do Conselho de Segurança da ONU.
e) dispõem de grande mobilidade territorial, sendo que seus investimentos migram para países que oferecem vantagens fiscais.

Anotações

AULA 10

Competência 6 Compreender a sociedade e a natureza, reconhecendo suas interações no espaço em diferentes contextos históricos e geográficos.

Habilidade 28 Relacionar o uso das tecnologias com os impactos socioambientais em diferentes contextos histórico--geográficos.

Em classe

FONTES DE ENERGIA

Classificações das fontes de energia
- Primária e secundária.
- Renováveis e não renováveis.

Matriz energética
- Combustíveis fósseis:
  – petróleo;
  – gás natural;
  – carvão mineral.
- Energia elétrica:
  – geração hidrelétrica;
  – geração termelétrica;
  – geração termonuclear.
- Fontes alternativas aos combustíveis fósseis:
  – etanol no Brasil;
  – *biodiesel* no Brasil.

1 (Enem) Para compreender o processo de exploração e o consumo dos recursos petrolíferos, é fundamental conhecer a gênese e o processo de formação do petróleo descritos no texto abaixo.

O petróleo é um combustível fóssil, originado provavelmente de restos de vida aquática acumulados no fundo dos oceanos primitivos e cobertos por sedimentos. O tempo e a pressão do sedimento sobre o material depositado no fundo do mar transformaram esses restos em massas viscosas de coloração negra denominadas jazidas de petróleo.

TUNDISI, Helena da Silva Freire. *Usos de energia.* São Paulo: Atual Editora, 1991. Adaptado.

As informações do texto permitem afirmar que:
a) o petróleo é um recurso energético renovável em curto prazo, em razão de sua constante formação geológica.
b) a exploração de petróleo é realizada apenas em áreas marinhas.
c) a extração e o aproveitamento do petróleo são atividades não poluentes devido à sua origem natural.
d) o petróleo é um recurso energético distribuído homogeneamente, em todas as regiões, independentemente da sua origem.
e) o petróleo é um recurso não renovável em curto prazo, explorado em áreas continentais de origem marinha ou em áreas submarinas.

2 (Enem) Em usinas hidrelétricas, a queda-d'água move turbinas que acionam geradores. Em usinas eólicas, os geradores são acionados por hélices movidas pelo vento. Na conversão direta solar-elétrica são células fotovoltaicas que produzem tensão elétrica. Além de todos produzirem eletricidade, esses processos têm em comum o fato de:
a) não provocarem impacto ambiental.
b) independerem de condições climáticas.
c) a energia gerada poder ser armazenada.
d) utilizarem fontes de energia renováveis.
e) dependerem das reservas de combustíveis fósseis.

3 (Enem) O crescimento da demanda por energia elétrica no Brasil tem provocado discussões sobre o uso de diferentes processos para sua geração e sobre benefícios e problemas a eles associados. Estão apresentados no quadro alguns argumentos favoráveis (ou positivos, P_1, P_2 e P_3) e outros desfavoráveis (ou negativos, N_1, N_2 e N_3), relacionados a diferentes opções energéticas.

	Argumentos favoráveis		Argumentos desfavoráveis
P_1	Elevado potencial no país do recurso utilizado para a geração de energia.	N_1	Destruição das áreas de lavoura e deslocamento de populações.
P_2	Diversidade dos recursos naturais que pode utilizar para a geração de energia.	N_2	Emissão de poluentes.
P_3	Fonte renovável de energia.	N_3	Necessidade de condições climáticas adequadas para sua instalação.

Ao se discutir a opção pela instalação, em uma dada região, de uma usina termelétrica, os argumentos que se aplicam são:
a) P_1 e N_2.
b) P_2 e N_2.
c) P_1 e N_3.
d) P_2 e N_1.
e) P_3 e N_3.

4 (Enem) O debate em torno do uso da energia nuclear para produção de eletricidade permanece atual. Em um encontro internacional para a discussão desse tema, foram colocados os seguintes argumentos:

I. Uma grande vantagem das usinas nucleares é o fato de não contribuírem para o aumento do efeito estufa, uma vez que o urânio, utilizado como "combustível", não é queimado, mas sofre fissão.

II. Ainda que sejam raros os acidentes com usinas nucleares, seus efeitos podem ser tão graves que essa alternativa de geração de eletricidade não nos permite ficar tranquilos.

A respeito desses argumentos, pode-se afirmar que:

a) o primeiro é válido e o segundo não é, já que nunca ocorreram acidentes com usinas nucleares.
b) o segundo é válido e o primeiro não é, pois de fato há queima de combustível na geração nuclear de eletricidade.
c) ambos são válidos para se compararem vantagens e riscos na opção por essa forma de geração de energia.
d) o segundo é válido e o primeiro é irrelevante, pois nenhuma forma de gerar eletricidade produz gases do efeito estufa.
e) ambos são irrelevantes, pois a opção pela energia nuclear está se tornando uma necessidade inquestionável.

Em casa

TEXTOS DE APOIO

Classificações das fontes de energia

As fontes de energia são classificadas:
a) Segundo sua origem:
- **Fonte de energia primária**: corresponde à energia na sua forma natural.
  Exemplos: madeira (na forma, por exemplo, de lenha); combustíveis fósseis (carvão mineral, petróleo e gás natural); energia eólica (os ventos); hidráulica (na forma, por exemplo, de água corrente) e minérios atômicos (como o urânio).
- **Fonte de energia secundária**: corresponde às formas nas quais a energia primária pode ser convertida.
  Exemplos: derivados do petróleo (óleo *diesel*, gasolina e gás liquefeito do petróleo); eletricidade (obtida por meio de hidrelétricas, termelétricas e termonucleares).
b) Segundo sua duração:
- **Fontes renováveis**: quando têm caráter inesgotável, ou seja, apresentam-se na natureza em quantidades ilimitadas.
  Exemplos: eólica (vento); hidráulica (água corrente); solar; geotérmica (vulcões); biomassa (de origem agrícola, como o álcool da cana-de-açúcar ou o biodiesel feito com plantas oleaginosas).

- **Fontes não renováveis**: quando têm caráter esgotável e apresentando-se na forma de recursos naturais que se encontram em quantidades limitadas na natureza, ou seja, que se esgotam com o uso. Exemplos: combustíveis fósseis em geral (petróleo, carvão mineral e gás natural); além do urânio em usinas nucleares.

Matriz energética

A matriz energética é o conjunto das fontes de energia utilizadas em determinado país ou região. Observe nos gráficos abaixo a matriz energética brasileira e compare-a com a matriz energética mundial.

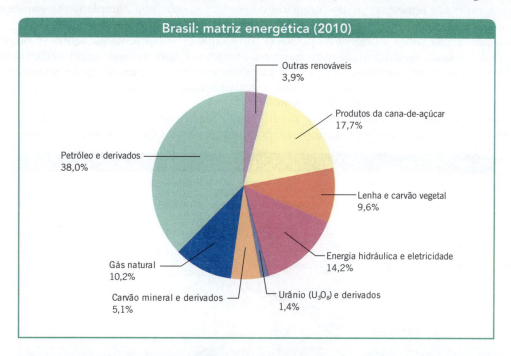

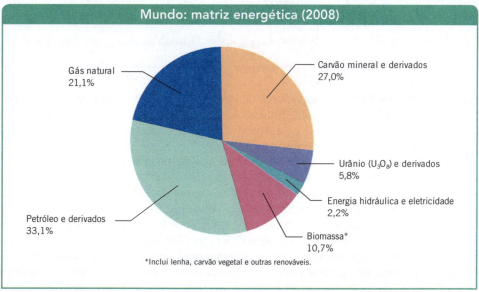

Fonte: Balanço Energético Nacional 2011 – MME.

A matriz energética brasileira mostra, por exemplo, que a participação relativa das fontes de energia renováveis é bem mais elevada do que em outros países, graças ao uso preferencial de fontes energéticas primárias, como a hidráulica e a biomassa.

Segundo muitos analistas, isso pode ser enxergado como uma vantagem para o Brasil, uma vez que essas fontes, além de inesgotáveis, são menos poluentes que as energias não renováveis, como os combustíveis fósseis (petróleo, gás natural e carvão mineral).

Combustíveis fósseis

– **Petróleo**

A importância do petróleo como fonte de energia decorre do uso considerável de seus derivados, como a gasolina e o óleo *diesel*, muito utilizados nos meios de transporte (automóveis, caminhões, navios, aviões, etc.), ou o gás liquefeito, mais conhecido como "gás de cozinha", amplamente empregado em casas, restaurantes e hotéis.

A teoria mais aceita sobre a origem do petróleo afirma que ele possivelmente tenha se originado de restos de vida aquática, especialmente microrganismos vegetais e animais, que se acumularam no fundo dos oceanos e dos mares primitivos. A ação das bactérias e a pressão exercida pelos sedimentos sobre essa massa orgânica, ao longo do tempo geológico, acabaram por transformá-la em uma massa viscosa, de coloração negra, que hoje chamamos de petróleo.

As jazidas de petróleo, a exemplo do que ocorre com a maior parte dos recursos minerais existentes no mundo, encontram-se muito mal distribuídas na crosta terrestre. Observe o gráfico abaixo.

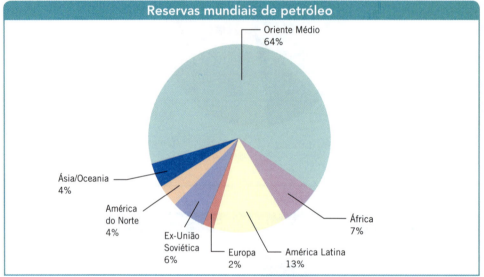

Fonte: Balanço Energético Nacional 2011 – MME.

A Opep (Organização dos Países Exportadores de Petróleo) – cartel formado atualmente por 12 países, sendo 6 do Oriente Médio (Arábia Saudita, Emirados Árabes Unidos, Irã, Iraque, Kuwait e Catar), 4 da África (Líbia, Argélia, Nigéria e Angola) e 2 da América do Sul (Venezuela e Equador) – controla a oferta desse combustível fóssil no mercado internacional.

Fora da Opep, destacam-se como grandes exportadores de petróleo: Rússia e Noruega, na Europa, além de Canadá e México, na América do Norte.

Os maiores consumidores de petróleo no mundo atualmente são Estados Unidos e China, que, embora grandes produtores, são obrigados a realizar pesadas importações desse combustível.

Diante desse intenso comércio, a Opep em geral e o Oriente Médio em particular, por concentrarem cerca de 75% das reservas mundiais do "ouro negro", têm um caráter cada vez mais estratégico no cenário internacional. Talvez isso explique o fato de as grandes potências econômicas interferirem no destino político dessa região de uma forma muito mais acentuada do que em outras partes do mundo.

No Brasil, a produção de petróleo bruto é suficiente para atender à demanda interna de cerca de 2 milhões de barris por dia. Aproximadamente 85% desse total vem da plataforma continental (área submersa localizada junto à costa litorânea brasileira), com destaque para a bacia de Campos, no estado do Rio de Janeiro, responsável por 4 de cada 5 barris de petróleo produzidos diariamente no país. Destacam-se também os estados do Amazonas, Paraná, Ceará, Rio Grande do Norte, Alagoas, Sergipe, Bahia, Espírito Santo e São Paulo.

A Petrobras – criada em 1953, no governo Getúlio Vargas – abrange todos os setores da produção petrolífera no país, o que inclui, além do petróleo bruto, o refino para obtenção dos derivados e sua distribuição por todo território brasileiro. Atualmente é uma empresa de capital misto, sendo o Estado ainda seu maior acionista, e vem atuando em projetos estratégicos, como a exploração do pré-sal. Veja a figura e leia o boxe a seguir.

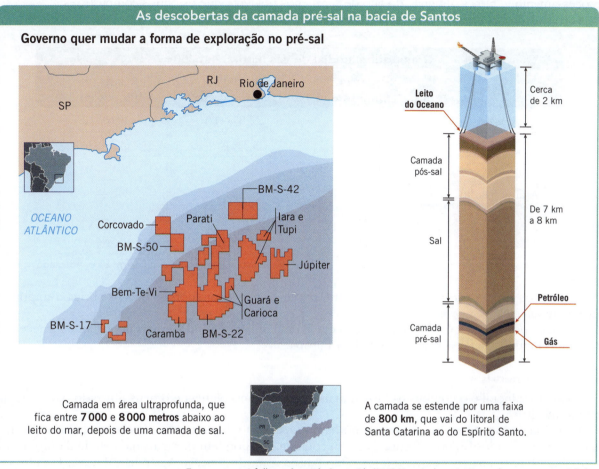

Fonte: <www1.folha.uol.com.br/mercado/816346-petrobras-inicia-exploracao-comercial-do-petroleo-do-pre-sal-na-semana-que-vem.shtml>. Acesso em: 24 jun. 2013. Adaptado.

A camada pré-sal

O Brasil alcançou a autossuficiência em petróleo em 2006, mas as perspectivas de ele se incluir entre os maiores produtores de petróleo do mundo eram muito pequenas, pois as reservas comprovadas desse combustível fóssil em seu território até esse ano eram relativamente pequenas.

Essa perspectiva, no entanto, mudou de forma muito expressiva com a descoberta dos campos de Tupi e Júpiter, na bacia de Santos, onde se estima existir cerca de 8 bilhões de barris de petróleo e gás natural, ou seja, mais da metade de toda reserva provada existente no país até essa descoberta. Isso acontece porque as reservas estimadas na camada "pré-sal" podem situar-se entre 70 e 100 bilhões de barris de petróleo, o que colocaria o Brasil, caso a existência dessas reservas seja comprovada, entre os dez países de maior reserva petrolífera do mundo.

Da área total da camada do pré-sal, que é da ordem de 112 mil km², aproximadamente, 38 mil km² já foram concedidos pela União para exploração. Entre as empresas envolvidas nesse processo de exploração destacam-se, além da Petrobras (empresa que detém o direito de exploração sobre aproximadamente 30% da camada do pré-sal), empresas como BG, ExxonMobil, Hess, Galp, Petrogal, Repsol e Shell.

Caderno do Enem | 83

– **Gás natural**

O gás natural, assim como os demais combustíveis fósseis, é encontrado na crosta terrestre em bacias sedimentares, geralmente associado ao petróleo. O uso desse combustível fóssil vem crescendo de forma mais acentuada em relação aos demais em decorrência da descoberta de novas reservas de gás natural em várias partes do mundo, do avanço da tecnologia nos campos da exploração, do transporte e do processamento e, principalmente, do fato de ser menos poluente que os outros combustíveis.

As jazidas de gás natural estão menos concentradas do que as de petróleo. Veja a tabela abaixo.

O mercado mundial de gás natural em 2005			
Países	Reservas (523 trilhões de m³)	Produção (bilhões de m³)	Consumo (bilhões de m³)
Rússia	26,9%	22,8% (1º)	19,6% (2º)
Irã	15,2%	3,3% (6º)	3,3% (6º)
Catar	14,8%	—	—
Arábia Saudita	3,9%	—	—
EAU	3,4%	—	—
EUA	3,1%	21,4% (2º)	25,4% (1º)

Fonte: BP, *Statistical Review of World Energy*, 2006. Adaptado.

Os Estados Unidos são o 2º maior produtor, porém o 1º consumidor, os que os obriga a importar esse combustível.

A Rússia, por sua vez, é a 1ª em produção e a 2ª em consumo, sendo a mais importante fornecedora de gás natural para a porção ocidental da Europa.

– **Carvão mineral**

O carvão mineral é o combustível fóssil mais abundante no planeta e o mais utilizado para a geração termelétrica.

As maiores reservas estão localizadas no hemisfério Norte, onde também estão os maiores produtores, China, Estados Unidos e Índia, que, em conjunto, respondem por mais da metade da produção mundial. Entre os maiores exportadores estão países como Indonésia, Austrália e Rússia. Já entre os maiores importadores destacam-se Japão, Coreia do Sul e Taiwan.

No Brasil, o carvão mineral representa apenas 5,1% da matriz energética (contra 27% da matriz energética mundial).

As maiores jazidas desse mineral no Brasil estão localizadas na região Sul (o Rio Grande do Sul conta com 80% do carvão mineral disponível, e Santa Catarina, com 10%). A maior produção é catarinense, devido à melhor qualidade de suas reservas, sendo principalmente utilizadas para a produção do aço.

Energia elétrica

A energia elétrica é a principal fonte de luz, calor e força no mundo atual, sendo a única que pode ser transportada por meio de condutores (como os fios de cobre) de um lugar para outro. Por causa disso, o consumo de energia elétrica é um dos indicadores da potencialidade econômica de uma região.

As sete economias mais desenvolvidas do mundo – EUA, Japão, Alemanha, França, Reino Unido, Itália e Canadá – consomem em conjunto cerca de 40% da energia elétrica mundial.

O setor que mais depende de energia elétrica, tanto no Brasil como no resto do mundo, é o industrial, que atua como "carro-chefe" do crescimento econômico de um país.

A energia elétrica é produzida por usinas compostas de um sistema de hélices, denominadas turbinas, que, ao girarem, movem os eixos (geradores ou alternadores) responsáveis pela produção de energia. Essas usinas são denominadas de acordo com a fonte de energia primária que utilizam, podendo ser: **hidrelétricas**, **termelétricas** ou **termonucleares**.

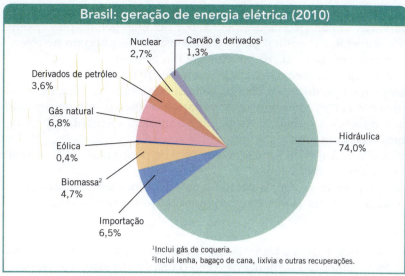

Fonte: Balanço Energético Nacional 2011 – MME.

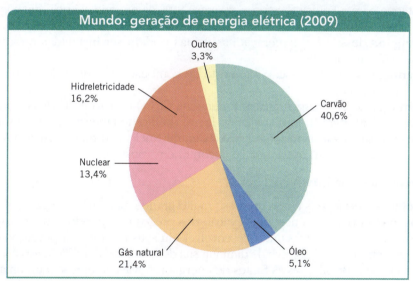

Fonte: Agência Internacional de Energia.

– **Geração hidrelétrica**

De acordo com os gráficos acima, a hidreletricidade corresponde a 16,2% da geração de energia elétrica mundial (2009), enquanto no Brasil equivale a 74% da produção de energia elétrica consumida no país (2010). A opção por esse tipo de usina se deve, sobretudo, à presença de um enorme potencial hidrelétrico no território brasileiro.

Entre as **vantagens** da geração hidrelétrica, podemos citar: é mais barata (água corrente de um curso fluvial), renovável e não polui a atmosfera como os combustíveis fósseis.

Entre as **desvantagens**, temos: os custos de transmissão de energia (pois nem sempre as quedas-d'água naturais estão em áreas próximas aos centros consumidores) e os impactos ambientais (como o alagamento de vastas áreas e mudanças no nível dos rios, na fauna e na flora da região).

O Brasil tem um dos maiores potenciais hidrelétricos do mundo, graças à extensa rede hidrográfica do nosso território, em que predominam rios de planalto (com acentuados desníveis ao longo do curso) e com grande volume de água.

A maior parte da potência hidráulica disponível no país está concentrada na bacia Amazônica e na do Tocantins; a seguir, vêm a do Paraná e a do São Francisco. Com relação ao aproveitamento energético dessas bacias, a maior potência instalada encontra-se na bacia hidrográfica do Paraná, por estar localizada na área onde estão os grandes centros urbanos e industriais do país.

– Geração termelétrica

As usinas termelétricas são movimentadas pelo vapor de água gerado pela queima de combustíveis fósseis, como carvão mineral, gás natural ou óleo combustível derivado do petróleo, que movimentam as pás de uma turbina, a qual, por sua vez, movimenta um gerador.

Esse é o tipo de usina que predomina na maior parte dos países do mundo.

A principal **vantagem** da produção de energia elétrica nesse tipo de usina é a possibilidade de poder ser instalada próxima aos centros consumidores, tornando o custo com a transmissão da energia relativamente baixo. Utilizar fontes não renováveis, poluir a atmosfera e contribuir para o aumento do efeito estufa são as maiores **desvantagens**.

No Brasil, a participação relativa do setor termelétrico é de pouco mais de 10%, muito inferior à média mundial, que está em torno de 65%.

Recentemente, tem se priorizado a implantação no país de usinas termelétricas que utilizam o gás natural como fonte de energia primária, já que esse combustível fóssil é menos poluente que o carvão mineral.

– Geração termonuclear

Nas usinas termonucleares, o calor é proveniente de reações físicas (fissões nucleares) que se desenvolvem em um reator, com a utilização de minérios como o urânio, devidamente preparado para esse fim.

A participação relativa das usinas termonucleares no total de energia elétrica produzida no mundo é de 16%, com destaque para a França, que produz quase 80% da energia elétrica que consome em usinas termonucleares.

Algumas **vantagens** desse tipo de geração: as usinas podem ser instaladas próximas ao mercado consumidor e não emitem poluentes.

Entre as **desvantagens**, destacam-se: o alto custo do combustível, o risco de vazamentos radioativos e a produção de lixo atômico.

No Brasil, a participação da energia nuclear é pequena (2,7%) e provém de duas usinas nucleares em funcionamento: Angra I e Angra II, localizadas no litoral do Rio de Janeiro e próximas aos maiores centros consumidores do país. Essas usinas integram a Central Nuclear Almirante Álvaro Alberto (CNAAA), juntamente com a usina Angra III, que ainda se encontra em construção.

Fontes alternativas aos combustíveis fósseis

O fato de os combustíveis fósseis terem um peso muito grande na matriz energética mundial representa dois problemas: primeiro, a tendência de elevação dos preços e, segundo, a degradação ambiental.

Em função disso, muitos países procuram desenvolver em seus territórios a produção e o consumo de fontes de energia alternativas com o objetivo de diminuir sua dependência em relação aos combustíveis fósseis.

Entre eles encontra-se o Brasil, pois as fontes de energia renováveis representam uma participação na sua matriz energética muito maior do que na maioria dos países. Os motivos para tal são: a grande utilização de hidrelétricas e o crescimento da produção e consumo de energia de biomassa, com destaque para o etanol (álcool combustível), derivado da cana-de-açúcar, e o biodiesel.

– Etanol no Brasil

A elevada participação da biomassa e da energia hidráulica na matriz energética do Brasil é vista, por muitos analistas, como uma vantagem, pois, além de serem renováveis, elas produzem menos poluentes atmosféricos que os combustíveis fósseis.

Desde o período colonial o Brasil possui extensas áreas de cultivo de cana-de-açúcar e grande número de usinas capazes de produzir álcool combustível. Na década de 1970, apoiado e financiado pelo governo, foi criado o Proálcool (Programa Nacional do Álcool), cujo objetivo principal era desenvolver a produção e o consumo do álcool combustível (etanol) no país para substituir a gasolina em veículos e tentar diminuir a dependência do país em relação aos derivados de petróleo.

Bem-sucedido na primeira década de implantação, o Proálcool entrou em crise entre o final da década de 1980 e durante os anos 1990.

Tal quadro foi revertido, em parte, ao longo dos anos 2000, depois que as montadoras lançaram no mercado os automóveis bicombustíveis ou *flex* (movidos a gasolina ou a álcool). O proprietário desse tipo de veículo pode decidir pelo consumo do combustível que achar mais conveniente, levando em conta a disponibilidade e o preço no mercado.

A participação relativa do álcool na matriz energética brasileira é de 3,5%, e os maiores produtores desse combustível são os estados de São Paulo (responsável por cerca de 60% da produção) e Pernambuco.

– *Biodiesel* no Brasil

O *biodiesel* é um combustível biodegradável derivado de fontes renováveis, que pode ser obtido por diferentes processos químicos usando como matérias-primas óleos vegetais ou gorduras animais.

Nos últimos anos, o Brasil vem estimulando o desenvolvimento da produção e do consumo de biodiesel no país por meio do Programa Nacional de Produção e Uso de *Biodiesel* (PNPB).

Esse programa tem como finalidade desenvolver de forma sustentável a produção de biodiesel a partir de uma gama muito variada de plantas oleaginosas produzidas em diferentes regiões brasileiras. Entres essas fontes pode-se citar, como exemplo, o derivado da mamona, do dendê, da soja, do girassol, do pinhão, do amendoim e do babaçu. Observe no mapa abaixo a distribuição regional da potencial produção de biodiesel no Brasil.

Fonte: <http://petrofuto.oficinadebiodiesel.blogspot.com.br/2011_11_01_archive.html>. Acesso em: 24 jun. 2013. Adaptado.

***Site* recomendado**

No *site* <https://ben.epe.gov.br> (acesso em: 10 jun. 2013) você encontra o Balanço Energético Nacional, tradicional documento do setor energético brasileiro que divulga toda a contabilidade relativa à oferta e ao consumo de energia no Brasil.

1 (Enem)

A Idade da Pedra chegou ao fim, não porque faltassem pedras; a era do petróleo chegará igualmente ao fim, mas não por falta de petróleo.

Xeque Yamani, ex-ministro do Petróleo da Arábia Saudita.
Jornal O Estado de S. Paulo, São Paulo, 20 ago. 2001.

Considerando as características que envolvem a utilização das matérias-primas citadas no texto em diferentes contextos histórico-geográficos, é correto afirmar que, de acordo com o autor, a exemplo do que aconteceu na Idade da Pedra, o fim da era do petróleo estaria relacionado:

a) à redução e esgotamento das reservas de petróleo.
b) ao desenvolvimento tecnológico e à utilização de novas fontes de energia.
c) ao desenvolvimento dos transportes e consequente aumento do consumo de energia.
d) ao excesso de produção e consequente desvalorização do barril de petróleo.
e) à diminuição das ações humanas sobre o meio ambiente.

2 (Enem) Nos últimos meses o preço do petróleo tem alcançado recordes históricos. Por isso a procura de fontes energéticas alternativas se faz necessária. Para os especialistas, uma das mais interessantes é o gás natural, pois ele apresentaria uma série de vantagens em relação a outras opções energéticas.

A tabela compara a distribuição das reservas de petróleo e de gás natural no mundo, e a figura, a emissão de dióxido de carbono entre vários tipos de fontes energéticas.

	Distribuição de petróleo no mundo (%)	Distribuição de gás natural no mundo (%)
América do Norte	3,5	5,0
América Latina	13,0	6,0
Europa	2,0	3,6
Ex-União Soviética	6,3	38,7
Oriente Médio	64,0	33,0
África	7,2	7,7
Ásia/Oceania	4,0	6,0

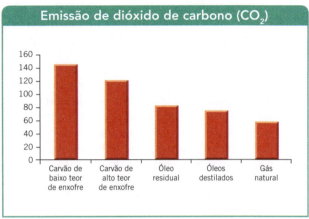

Fonte: Gas World International – Petroleum Economist.

A partir da análise da tabela e da figura, são feitas as seguintes afirmativas:

I. Enquanto as reservas mundiais de petróleo estão concentradas geograficamente, as reservas mundiais de gás natural são mais distribuídas ao redor do mundo, garantindo um mercado competitivo, menos dependente de crises internacionais e políticas.

II. A emissão de dióxido de carbono (CO_2) para o gás natural é a mais baixa entre os diversos combustíveis analisados, o que é importante, uma vez que esse gás é um dos principais responsáveis pelo agravamento do efeito estufa.

Com relação a essas afirmativas, pode-se dizer que:

a) a primeira está incorreta, pois novas reservas de petróleo serão descobertas futuramente.
b) a segunda está incorreta, pois o dióxido de carbono (CO_2) apresenta pouca importância no agravamento do efeito estufa.
c) ambas são análises corretas, mostrando que o gás natural é uma importante alternativa energética.
d) ambas não procedem para o Brasil, que já é praticamente autossuficiente em petróleo e não contribui para o agravamento do efeito estufa.
e) nenhuma delas mostra vantagem do uso de gás natural sobre o petróleo.

3 (Enem)

Águas de março definem se falta luz este ano.

Esse foi o título de uma reportagem em jornal de circulação nacional, pouco antes do início do racionamento do consumo de energia elétrica, em 2001.

No Brasil, a relação entre a produção de eletricidade e a utilização de recursos hídricos, estabelecida nessa manchete, se justifica porque:

a) a geração de eletricidade nas usinas hidrelétricas exige a manutenção de um dado fluxo de água nas barragens.
b) o sistema de tratamento da água e sua distribuição consomem grande quantidade de energia elétrica.
c) a geração de eletricidade nas usinas termelétricas utiliza grande volume de água para refrigeração.
d) o consumo de água e de energia elétrica utilizadas na indústria compete com o da agricultura.
e) é grande o uso de chuveiros elétricos, cuja operação implica abundante consumo de água.

4 (Enem) A Lei Federal nº 11.097/2005 dispõe sobre a introdução do *biodiesel* na matriz energética brasileira e fixa em 5%, em volume, o percentual mínimo obrigatório a ser adicionado ao óleo *diesel* vendido ao consumidor. De acordo com essa lei, biocombustível é "derivado de biomassa renovável para uso em motores a combustão interna com ignição por compressão ou, conforme regulamento, para geração de outro tipo de energia que possa substituir parcial ou totalmente combustíveis de origem fóssil".

A introdução de biocombustíveis na matriz energética brasileira:

a) colabora na redução dos efeitos da degradação ambiental global produzida pelo uso de combustíveis fósseis, como os derivados do petróleo.
b) provoca uma redução de 5% na quantidade de carbono emitido pelos veículos automotores e colabora no controle do desmatamento.
c) incentiva o setor econômico brasileiro a se adaptar ao uso de uma fonte de energia derivada de uma biomassa inesgotável.
d) aponta para pequena possibilidade de expansão do uso de biocombustíveis, fixado, por lei, em 5% do consumo de derivados do petróleo.
e) diversifica o uso de fontes alternativas de energia que reduzem os impactos da produção do etanol por meio da monocultura da cana-de-açúcar.

Anotações

AULA 11

Competência 4 Entender as transformações técnicas e tecnológicas e seu impacto nos processos de produção, no desenvolvimento do conhecimento e na vida social.

Habilidade 17 Analisar fatores que explicam o impacto das novas tecnologias no processo de territorialização da produção.

Em classe

DINÂMICA INDUSTRIAL

Desenvolvimento manufatureiro

- Dinâmica industrial.
- Fases da Revolução Industrial.

Formas e distribuição espacial das indústrias

- Tipos de indústria.
- Localização industrial.

Industrialização nacional

- Fases da industrialização no Brasil.
- Industrialização brasileira no mundo globalizado.

---

1 (Enem) Um dos maiores problemas da atualidade é o aumento desenfreado do desemprego. O texto abaixo destaca essa situação.

O desemprego é hoje um fenômeno que atinge e preocupa o mundo todo. [...] A onda de desemprego recente não é conjuntural, ou seja, provocada por crises localizadas e temporárias. Está associada a mudanças estruturais na economia, daí o nome de desemprego estrutural.

O desemprego manifesta-se hoje na maioria das economias, incluindo a dos países ricos. A OIT estima em 1 bilhão – um terço da força de trabalho mundial – o número de desempregados em todo o mundo em 1998. Desse total, 150 milhões encontram-se abertamente desempregados e entre 750 e 900 milhões estão subempregados.

Almanaque Abril (CD-ROM). São Paulo: Abril, 1999.

Pode-se compreender o desemprego estrutural em termos da internacionalização da economia associada:

a) a uma economia desaquecida que provoca ondas gigantescas de desemprego, gerando revoltas e crises institucionais.
b) ao setor de serviços que se expande provocando ondas de desemprego no setor industrial, atraindo essa mão de obra para este novo setor.
c) ao setor industrial que passa a produzir menos, buscando enxugar custos provocando, com isso, demissões em larga escala.

d) a novas formas de gerenciamento de produção e novas tecnologias que são inseridas no processo produtivo, eliminando empregos que não voltam.
e) ao emprego informal que cresce, já que uma parcela da população não tem condições de regularizar o seu comércio.

2 (Enem) Com o uso intensivo do computador como ferramenta de escritório, previu-se o declínio acentuado do uso de papel para escrita. No entanto, essa previsão não se confirmou, e o consumo de papel ainda é muito grande. O papel é produzido a partir de material vegetal e, por conta disso, enormes extensões de florestas já foram extintas, uma parte sendo substituída por reflorestamentos homogêneos de uma só espécie (no Brasil, principalmente eucalipto).

Para evitar que novas áreas de florestas nativas, principalmente as tropicais, sejam destruídas para suprir a produção crescente de papel, foram propostas as seguintes ações:

I. Aumentar a reciclagem de papel, por meio da coleta seletiva e do processamento em usinas.
II. Reduzir as tarifas de importação de papel.
III. Diminuir os impostos para produtos que usem papel reciclado.

Para um meio ambiente global mais saudável, apenas:

a) a proposta I é adequada.
b) a proposta II é adequada.
c) a proposta III é adequada.
d) as propostas I e II são adequadas.
e) as propostas I e III são adequadas.

3 (Enem)

Disponível em: <http://primeira-serie.blogspot.com.br>. Acesso em: 7 dez. 2011. Adaptado.

Na imagem do início do século XX, identifica-se um modelo produtivo cuja forma de organização fabril baseava-se na(o):
a) autonomia do produtor direto.
b) adoção da divisão sexual do trabalho.
c) exploração do trabalho repetitivo.
d) utilização de empregados qualificados.
e) incentivo à criatividade dos funcionários.

4 (Enem)
[...] Um operário desenrola o arame, o outro o endireita, um terceiro corta, um quarto o afia nas pontas para a colocação da cabeça do alfinete; para fazer a cabeça do alfinete requerem-se 3 ou 4 operações diferentes; [...]
SMITH, Adam. *A Riqueza das Nações* – Investigação sobre a sua natureza e suas causas. Vol. 1. São Paulo: Nova Cultural, 1985.

A respeito do texto e do quadrinho são feitas as seguintes afirmações:
I. Ambos retratam a intensa divisão do trabalho, à qual são submetidos os operários.
II. O texto refere-se à produção informatizada e o quadrinho, à produção artesanal.
III. Ambos contêm a ideia de que o produto da atividade industrial não depende do conhecimento de todo o processo por parte do operário.

Dentre essas afirmações, apenas:
a) I está correta.
b) II está correta.
c) III está correta.
d) I e II estão corretas.
e) I e III estão corretas.

> **Em casa**

TEXTOS DE APOIO

Desenvolvimento manufatureiro

Dinâmica industrial

O processo industrial pode ser definido como a transformação da matéria-prima em bens destinados ao consumo, por meio de um conjunto de operações realizadas pelo ser humano com o auxílio de equipamentos e energia (humana, animal, do vento, da água, etc.). Essa função transformadora começou a crescer expressivamente no século XVIII, com a eclosão da Revolução Industrial no Reino Unido. Nesse momento histórico, foram incorporados ao processo dois elementos que levaram à noção de indústria moderna: as máquinas, capazes de produzir em série, e o aproveitamento de formas de energia mais produtivas – como a energia térmica (obtida da queima de carvão ou de petróleo) e a elétrica. Desde então, a economia e a sociedade mundial sofreram profundas alterações, acompanhando a rápida diversificação e o aperfeiçoamento do setor secundário (indústria), que continua em constante evolução.

Fases da Revolução Industrial

No século XVIII, graças a uma gama muito variada de fatores, ocorreu um fenômeno novo no mundo: a **Revolução Industrial**. Tal fato é assim denominado por ter provocado profundas alterações na maneira de se produzir mercadorias e, dessa forma, ter gerado uma transformação muito grande em todas as áreas da atividade humana.

A Revolução Industrial iniciou-se no fim do século XVIII no Reino Unido e, ao longo do século XIX, expandiu-se para outros países, como Alemanha, Bélgica, França, Holanda, Rússia, Estados Unidos e Japão. Como resultado das transformações que ocorreram desde a sua eclosão até os dias atuais, a Revolução Industrial pode ser dividida em três fases distintas:

- A **primeira fase da Revolução Industrial** foi marcada pela ocorrência de uma série de transformações tecnológicas que viabilizaram a invenção de equipamentos industriais, como a máquina a vapor e a locomotiva. Tais inovações resultaram na mecanização dos sistemas de produção e na dinamização do transporte no mundo, respectivamente. Nessa fase da Revolução Industrial, a fonte de energia dessas transformações nos setores manufatureiro e de transporte foi o carvão mineral.
- A **segunda fase da Revolução Industrial** teve início cerca de um século após o surgimento da primeira fase. Nesse momento, o destaque ficou com o avanço da produção e a utilização da eletricidade e do petróleo, viabilizando a utilização de novos tipos de motores (elétricos e à explosão).
- A **terceira fase da Revolução Industrial** começou a se delinear no início da década de 1970, desenvolvendo-se até os dias atuais. Ela é marcada, entre outros aspectos, pela ocorrência de um grande desenvolvimento tecnológico, especialmente no campo da informática e da robótica. Essa evolução tornou possível a automação de vários setores da produção fabril e acarretou, simultaneamente, uma redução expressiva da utilização de mão de obra no setor industrial.

Formas e distribuição espacial das indústrias

Tipos de indústria

Podemos agrupar as indústrias, primeiramente, em dois grandes conjuntos: indústrias de bens de produção e indústrias de bens de consumo.

As **indústrias de bens de produção** abrangem a produção de base e de bens de capital. São exemplos clássicos de indústria de base a siderúrgica e a petroquímica, que produzem, a partir de matérias-primas naturais (respectivamente, minério de ferro e petróleo), matérias-primas industrializadas para serem usadas em uma gama muito variada de indústrias. São exemplos clássicos de indústrias de bens de capital as que produzem equipamentos (industriais, de transporte, agrícolas, etc.).

As **indústrias de bens de consumo** são as que produzem diretamente para o mercado consumidor. Elas utilizam bens provenientes das indústrias de base ou de recursos ligados à agricultura (caso da indústria alimentícia, por exemplo). Dividem-se em indústrias de bens duráveis (material elétrico, eletrodomésticos, de comunicação, etc.) e de bens não duráveis (alimentos, têxteis, medicamentos, vestuário, etc.).

Os bens industriais de produção e de consumo, de acordo com o nível tecnológico empregado em sua fabricação, costumam ser chamados de bens tradicionais ou de alta tecnologia. Os bens tradicionais são fabricados nas indústrias ligadas à produção siderúrgica, petroquímica, automotiva, têxtil e alimentícia. Os de alta tecnologia são desenvolvidos nas chamadas "indústrias de ponta".

As indústrias de bens de alta tecnologia ou de ponta apresentam produtos de alto nível tecnológico. Entre esses bens, encontram-se os vinculados ao campo da produção aeroespacial, eletrônica, informática, telecomunicações, mecânica fina (que abrange, por exemplo, a produção de instrumentos ou equipamentos de medição de alta precisão), química fina (que abrange, por exemplo, a produção farmacêutica), mecatrônica (que abrange, por exemplo, a produção de dispositivos usados no campo da robótica).

Localização industrial

No mundo atual, em que a preocupação primordial é obter lucros cada vez maiores, a localização geográfica das indústrias tem caráter estratégico. Diversos fatores relacionados a ela, isolados ou em conjunto, interferem na lucratividade, quando não na própria existência de determinados setores. Entre os fatores de localização geográfica mais importantes, destacam-se:
- proximidade do mercado consumidor;
- oferta de matérias-primas;
- disponibilidade de fontes de energia;
- rede de transportes;
- mão de obra disponível;
- incentivos governamentais.

Industrialização nacional

Fases da industrialização no Brasil

A **fase da industrialização** (1930-1955) inicia-se em 1930, isto é, na década que marca uma passagem decisiva na história industrial brasileira. A depressão internacional ocasionada pela **crise da Bolsa de Valores de Nova York**, em 1929, proporcionou condições inéditas para o Brasil substituir as importações de bens não duráveis por produções nacionais.

> **Crise da Bolsa de Valores de Nova York:** série de problemas econômicos e financeiros que levou muitas empresas norte-americanas à falência, o que causou o desemprego de milhares de trabalhadores. A crise econômica rapidamente se espalhou por todo o mundo.

Para ampliar a substituição das importações, era indispensável que o governo investisse em um complexo de indústrias de base, até então quase inexistentes no país. Em 1942, Getúlio Vargas criou oficialmente a Companhia Siderúrgica Nacional (CSN). Um ano depois, complementou a iniciativa com a formação da Companhia Vale do Rio Doce (atual Mineradora Vale), que faria explorações de minério no Quadrilátero Ferrífero, em Minas Gerais, para abastecer o parque siderúrgico nacional. Na década de 1950, foram criadas a Companhia Siderúrgica Paulista (Cosipa), em Cubatão (SP), e a Usina Siderúrgica Minas Gerais (Usiminas), em Ipatinga (MG).

A **fase da internacionalização** (de 1956 até os dias atuais) inicia-se na presidência de Juscelino Kubitschek (1956-1960), quando se consolidou o desenvolvimento dos setores de indústrias, energia, transportes, alimentação e educação. O Plano de Metas do governo JK tinha por finalidade acelerar o crescimento econômico do país, implantando estabelecimentos industriais de grande porte para gerar muitos empregos e, assim, dinamizar todo o processo.

O recurso adotado para isso foi abrir as fronteiras à livre entrada de capitais estrangeiros, criando vários incentivos, que atraíram investimentos tanto sob a forma de implantação industrial como de empréstimos financeiros. Esses investimentos privilegiaram, no setor de bens duráveis, a indústria automotiva (concentrada na região do ABCD paulista) e o ramo de equipamentos elétricos e eletrônicos. No setor de bens não duráveis, a indústria farmacêutica. No setor de bens de produção, abrangeram desde a siderurgia até a indústria química e a construção naval, implantada no Rio de Janeiro a partir de 1958.

O modelo econômico brasileiro, estruturado a partir de 1964, é descrito como um tripé constituído de capital estatal, grandes empresas internacionais e nacionais. Nesse tripé, o capital estatal atuou principalmente no setor de base (especialmente na siderurgia) e no de infraestrutura (principalmente no campo energético e no de transportes), bem como por meio da oferta aos investidores de financiamentos a custos relativamente baixos. Ao longo da década de 1990, muitas das empresas industriais de base, controladas pelo Estado, foram privatizadas. Isso determinou a diminuição da participação direta do governo na economia industrial brasileira.

Industrialização brasileira no mundo globalizado

A participação do Brasil no processo de globalização econômica implicou, para o país, ceder a duas exigências do grande capital internacional. Antes de tudo, esse processo exigiu abertura maior à entrada de produtos estrangeiros, com a derrubada de obstáculos como as taxas alfandegárias elevadas e as rígidas cotas de importação.

O processo de globalização também preconizou a redução, ou até mesmo o fim, do monopólio estatal sobre as atividades econômicas, inclusive as estratégicas, como as relacionadas ao petróleo, à produção de eletricidade e às comunicações. Várias empresas de controle estatal no país foram privatizadas, principalmente no campo da produção industrial de base, como o siderúrgico.

O Brasil passou a figurar, a partir dos anos 1990, no quadro das novas relações econômicas impostas pela globalização, competindo internamente com produtos importados e no exterior com produtos de melhor qualidade (às vezes, com preços mais competitivos) para viabilizar sua presença no comércio internacional. Embora tenha resultado na modernização de grande parte do parque industrial brasileiro, esse processo não foi suficiente para fazer do país um exportador industrial de elevado nível de competitividade no mercado internacional.

Segundo muitos analistas, isso é fruto de uma série de problemas que afetam a competitividade dos produtos industriais brasileiros no mercado internacional, relacionados com a elevada **carga tributária** existente no país e a deficiência na infraestrutura de transporte e de escoamento da produção, entre outros fatores.

Alguns analistas apontam ainda a questão dos elevados **encargos sociais** incidentes sobre a mão de obra como um dos fatores que agravam a questão do chamado Custo Brasil, termo que designa um suposto conjunto de distorções na economia brasileira, responsável pela baixa competitividade de seus produtos industriais no mercado internacional.

> **Carga tributária:** conjunto de impostos e taxas obrigatórias que aumentam o preço final dos produtos.
>
> **Encargos sociais:** conjunto de valores pagos pelo empregador em benefício dos trabalhadores: recolhimento da previdência (INSS), férias remuneradas, 13º salário, etc.

Site recomendado

<www.mdic.gov.br>

O site do Ministério do Desenvolvimento, Indústria e Comércio Exterior disponibiliza informações sobre os mais recentes acontecimentos relativos à indústria brasileira.

---

1 (Enem) Os textos abaixo relacionam-se a momentos distintos da nossa história.

A integração regional é um instrumento fundamental para que um número cada vez maior de países possa melhorar a sua inserção num mundo globalizado, já que eleva o seu nível de competitividade, aumenta as trocas comerciais, permite o aumento da produtividade, cria condições para um maior crescimento econômico e favorece o aprofundamento dos processos democráticos.

A integração regional e a globalização surgem assim como processos complementares e vantajosos.

Declaração de Porto, VIII Cimeira Ibero-americana, Porto, Portugal, 17 e 18 de outubro de 1998.

Um considerável número de mercadorias passou a ser produzido no Brasil, substituindo o que não era possível ou era muito caro importar. Foi assim que a crise econômica mundial e o encarecimento das importações levaram o governo Vargas a criar as bases para o crescimento industrial brasileiro.

POMAR, Wladimir. *Era Vargas* – A modernização conservadora.

É correto afirmar que as políticas econômicas mencionadas nos textos são:

a) opostas, pois, no primeiro texto, o centro das preocupações são as exportações e, no segundo, as importações.

b) semelhantes, uma vez que ambos demonstram uma tendência protecionista.

c) diferentes, porque, para o primeiro texto, a questão central é a integração regional e, para o segundo, a política de substituição de importações.

d) semelhantes, porque consideram a integração regional necessária ao desenvolvimento econômico.

e) opostas, pois, para o primeiro texto, a globalização impede o aprofundamento democrático e, para o segundo, a globalização é geradora da crise econômica.

2 (Enem)

Estamos testemunhando o reverso da tendência histórica da assalariação do trabalho e socialização da produção, que foi característica predominante na era industrial. A nova organização social e econômica baseada nas tecnologias da informação visa à administração descentralizadora, ao trabalho individualizante e aos mercados personalizados. As novas tecnologias da informação possibilitam, ao mesmo tempo, a descentralização das tarefas e sua coordenação em uma rede interativa de comunicação em tempo real, seja entre continentes, seja entre os andares de um mesmo edifício.

CASTELLS, Manuel. *A sociedade em rede*. São Paulo: Paz e Terra, 2006. Adaptado.

No contexto descrito, as sociedades vivenciam mudanças constantes nas ferramentas de comunicação que afetam os processos produtivos nas empresas. Na esfera do trabalho, tais mudanças têm provocado:

a) o aprofundamento dos vínculos dos operários com as linhas de montagem sob influência dos modelos orientais de gestão.
b) o aumento das formas de teletrabalho como solução de larga escala para o problema do desemprego crônico.
c) o avanço do trabalho flexível e da terceirização como respostas às demandas por inovação e com vistas à mobilidade dos investimentos.
d) a autonomização crescente das máquinas e computadores em substituição ao trabalho dos especialistas técnicos e gestores.
e) o fortalecimento do diálogo entre operários, gerentes, executivos e clientes com a garantia de harmonização das relações de trabalho.

3 (Enem)

A introdução de novas tecnologias desencadeou uma série de efeitos sociais que afetaram os trabalhadores e sua organização. O uso de novas tecnologias trouxe a diminuição do trabalho necessário que se traduz na economia líquida do tempo de trabalho, uma vez que, com a presença da automação microeletrônica, começou a ocorrer a diminuição dos coletivos operários e uma mudança na organização dos processos de trabalho.

Revista Eletrônica de Geografia e Ciências Sociais, Universidade de Barcelona, n. 170(9), 1 ago. 2004.

A utilização de novas tecnologias tem causado inúmeras alterações no mundo do trabalho. Essas mudanças são observadas em um modelo de produção caracterizado:

a) pelo uso intensivo do trabalho manual para desenvolver produtos autênticos e personalizados.
b) pelo ingresso tardio das mulheres no mercado de trabalho no setor industrial.
c) pela participação ativa das empresas e dos próprios trabalhadores no processo de qualificação laboral.
d) pelo aumento na oferta de vagas para trabalhadores especializados em funções repetitivas.
e) pela manutenção de estoques de larga escala em função da alta produtividade.

4 (Enem)

Homens da Inglaterra, por que arar para os senhores que vos mantêm na miséria?

Por que tecer com esforços e cuidado as ricas roupas que vossos tiranos vestem?

Por que alimentar, vestir e poupar do berço até o túmulo esses parasitas ingratos que exploram vosso suor — ah, que bebem vosso sangue?

SHELLEY. Os homens da Inglaterra. Apud HUBERMAN, Leo. *História da riqueza do homem*. Rio de Janeiro: Zahar, 1982.

A análise do trecho permite identificar que o poeta romântico Shelley (1792-1822) registrou uma contradição nas condições socioeconômicas da nascente classe trabalhadora inglesa durante a Revolução Industrial. Tal contradição está identificada:

a) na pobreza dos empregados, que estava dissociada da riqueza dos patrões.
b) no salário dos operários, que era proporcional aos seus esforços nas indústrias.
c) na burguesia, que tinha seus negócios financiados pelo proletariado.
d) no trabalho, que era considerado uma garantia de liberdade.
e) na riqueza, que não era usufruída por aqueles que a produziam.

AULA 12

Competência 4 Entender as transformações técnicas e tecnológicas e seu impacto nos processos de produção, no desenvolvimento do conhecimento e na vida social.

Habilidade 20 Selecionar argumentos favoráveis ou contrários às modificações impostas pelas novas tecnologias à vida social e ao mundo do trabalho.

Em classe

ESPAÇO URBANO

Crescimento urbano

- Urbanização.

Hierarquia urbana

- Rede urbana.

Regiões metropolitanas no Brasil

- Conurbação.

Grandes problemas sociais urbanos

- Falta de moradia.
- Violência.

Grandes problemas ambientais urbanos

- Poluição atmosférica.
- Inversão térmica.
- Chuva ácida.
- Enchentes urbanas.
- Ilhas de calor.

1 (Enem)

Em 1872, Robert Angus Smith criou o termo "chuva ácida", descrevendo precipitações ácidas em Manchester após a Revolução Industrial. Trata-se do acúmulo demasiado de dióxido de carbono e enxofre na atmosfera que, ao reagir com compostos dessa camada, formam gotículas de chuva ácida e partículas de aerossóis. A chuva ácida não necessariamente ocorre no local poluidor, pois tais poluentes, ao ser lançados na atmosfera, são levados pelos ventos, podendo provocar a reação em regiões distantes. A água de forma pura apresenta pH 7, e, ao contatar agentes poluidores, reage e modifica seu pH para 5,6 e até menos que isso, o que provoca reações e deixa consequências.

Disponível em: <www.brasilescola.com.br>.
Acesso em: 18 maio 2010. Adaptado.

O texto aponta para um fenômeno atmosférico causador de graves problemas ao meio ambiente: a chuva ácida (pluviosidade com pH baixo). Esse fenômeno tem como consequência:

a) a corrosão de metais, pinturas, monumentos históricos, destruição da cobertura vegetal e acidificação dos lagos.

b) a diminuição do aquecimento global, já que esse tipo de chuva retira poluentes da atmosfera.

c) a destruição da fauna e da flora e a redução de recursos hídricos, com o assoreamento dos rios.

d) as enchentes, que atrapalham a vida do cidadão urbano, corroendo, em curto prazo, automóveis e fios de cobre da rede elétrica.

e) a degradação da terra nas regiões semiáridas, localizadas, em sua maioria, no Nordeste do nosso país.

2 (Enem)

Além dos inúmeros eletrodomésticos e bens eletrônicos, o automóvel produzido pela indústria fordista promoveu, a partir dos anos 1950, mudanças significativas no modo de vida dos consumidores e também na habitação e nas cidades. Com a massificação do consumo dos bens modernos, dos eletroeletrônicos e também do automóvel, mudaram radicalmente o modo de vida, os valores, a cultura e o conjunto do ambiente construído. Da ocupação do solo urbano até o interior da moradia, a transformação foi profunda.

MARICATO, Ermínia. *Urbanismo na periferia do mundo globalizado*: metrópoles brasileiras. Disponível em: <www.scielo.br>. Acesso em: 12 ago. 2009. Adaptado.

Uma das consequências das inovações tecnológicas das últimas décadas, que determinaram diferentes formas de uso e ocupação do espaço geográfico, é a instituição das chamadas cidades globais, que se caracterizam por:

a) possuir o mesmo nível de influência no cenário mundial.

b) fortalecer os laços de cidadania e solidariedade entre os membros das diversas comunidades.

c) constituir um passo importante para a diminuição das desigualdades sociais causadas pela polarização social e pela segregação urbana.

d) ter sido diretamente impactadas pelo processo de internacionalização da economia, desencadeado a partir do final dos anos 1970.

e) ter sua origem diretamente relacionada ao processo de colonização ocidental do século XIX.

3 (Enem) Um dos grandes problemas das regiões urbanas é o acúmulo de lixo sólido e sua disposição. Há vários processos para a disposição do lixo, como o aterro sanitário, o depósito a céu aberto e a incineração. Cada um deles apresenta vantagens e desvantagens.

Considere as seguintes vantagens de métodos de disposição do lixo:

I. diminuição do contato humano direto com o lixo;

II. produção de adubo para agricultura;

III. baixo custo operacional do processo;

IV. redução do volume de lixo.

A relação correta entre cada um dos processos para a disposição do lixo e as vantagens apontadas é:

a) I – aterro sanitário; II – depósito a céu aberto; I – incineração.

b) I – aterro sanitário; III – depósito a céu aberto; IV – incineração.

c) II – aterro sanitário; IV – depósito a céu aberto; I – incineração.

d) II – aterro sanitário; I – depósito a céu aberto; IV – incineração.

e) III – aterro sanitário; II – depósito a céu aberto; I – incineração.

4 (Enem) Muitos processos erosivos se concentram nas encostas, principalmente aqueles motivados pela água e pelo vento. No entanto, os reflexos também são sentidos nas áreas de baixada, onde geralmente há ocupação urbana. Um exemplo desses reflexos na vida cotidiana de muitas cidades brasileiras é:

a) a maior ocorrência de enchentes, já que os rios assoreados comportam menos água em seus leitos.

b) a contaminação da população pelos sedimentos trazidos pelo rio que são carregados de matéria orgânica.

c) o desgaste do solo nas áreas urbanas, causado pela redução do escoamento superficial pluvial na encosta.

d) a maior facilidade de captação de água potável para o abastecimento público, já que é maior o efeito do escoamento sobre a infiltração.

e) o aumento da incidência de doenças como a amebíase na população urbana, em decorrência do escoamento de água poluída do topo das encostas.

TEXTOS DE APOIO

Crescimento urbano

A **urbanização**, que atualmente ocorre em quase todo o mundo, começou em meados do século XVIII, quando teve início a expansão da atividade fabril na Europa, decorrente da Revolução Industrial. Portanto, a origem da urbanização está ligada à expansão industrial.

Esse processo resultou, por exemplo, no êxodo rural, que é a migração em massa (para as cidades, em busca de melhores condições de trabalho e de vida) de habitantes que viviam no campo.

O gráfico a seguir demonstra a dinâmica desse fenômeno, em que a população mundial se divide entre o campo e as cidades, de acordo com o nível de desenvolvimento dos países. Repare que, desde 1950, o grupo das nações menos desenvolvidas já reúne a maior parte da população mundial. Mas, naquela época, a grande maioria vivia no campo. Em meados da década de 1970, o número de pessoas morando em cidades era o mesmo para os dois grupos. Mas, a partir de então, a curva de crescimento da população urbana é muito mais acentuada entre as nações menos desenvolvidas.

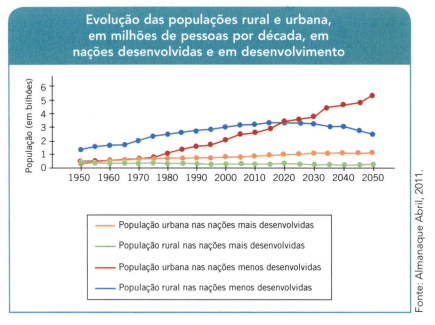

No Brasil, o grande crescimento da população urbana foi resultado da taxa do crescimento vegetativo ou natural da população e do intenso êxodo rural que ocorreu no território, primeiramente na região Sudeste, depois nas demais regiões brasileiras. Tal fenômeno ocorreu, principalmente, em razão do processo de industrialização e do crescimento da mecanização agrícola.

A expansão do uso de máquinas na agricultura obrigou muitos trabalhadores a abandonar o campo com suas famílias para tentar a vida nas cidades. Esses trabalhadores foram atraídos pelas novas oportunidades de trabalho que surgiam com a expansão industrial, na construção civil e no setor de serviços.

Como na maioria dos países subdesenvolvidos, o crescimento do fluxo de pessoas do campo para as cidades – que se industrializavam – foi também resultado das precárias condições em que vivia a população rural.

Hierarquia urbana

Denomina-se **cidade** ou **centro urbano** o aglomerado humano concentrado em áreas com atividades econômicas não agrícolas, organizado em ruas, com serviço de transporte, limpeza pública, luz, água, esgoto, além das atividades de saúde, educação, lazer, etc. Sua característica fundamental é a presença do setor terciário – comércio e prestação de serviços –, podendo abranger atividades industriais.

A relação que as cidades estabelecem entre si denomina-se **rede urbana**. Dentro dessa estrutura existe uma hierarquia urbana, ou seja, as cidades têm graus diferentes de importância. Uma cidade de maior nível hierárquico exerce influência (econômica, social, cultural e política) sobre as áreas urbanas de menor nível de desenvolvimento. Isso decorre do fato de algumas cidades contarem com infraestrutura mais organizada e oferecem ampla gama de serviços.

Regiões metropolitanas no Brasil

As grandes metrópoles apresentam, por causa do dinamismo econômico, expansão dos seus sítios urbanos – áreas onde estão situadas as cidades, produzindo um processo denominado **conurbação**, ou seja, união de vários sítios urbanos. Esse processo de junção das áreas urbanas englobando vários municípios ocorre no mundo todo e determina a formação de grandes aglomerados urbanos. Neles, os fluxos de bens, serviços e pessoas ocorrem como se na área na qual eles estão situados houvesse apenas uma unidade político-administrativa e, portanto, uma só administração pública, o que acaba gerando uma série de problemas político-administrativos.

Para sanar tais dificuldades, foram criadas no início da década de 1970, no Brasil, as regiões metropolitanas, cujo objetivo era solucionar problemas comuns entre as cidades que compõem os aglomerados urbanos, sobretudo nos setores de infraestrutura comum, como: transporte, saneamento básico, habitação e abastecimento.

Atualmente existem mais de 30 regiões metropolitanas no país, entre as quais se destacam as cinco mais populosas: São Paulo, Rio de Janeiro, Belo Horizonte, Porto Alegre e Recife.

As cidades com mais de 10 milhões de habitantes são chamadas de **megacidades**. É o caso de Tóquio (Japão), da Cidade do México (México), de Nova York (EUA) e de Mumbai (ou Bombaim, Índia).

No Brasil, apenas São Paulo e Rio de Janeiro, com cerca de 19,6 e 11,7 milhões de habitantes, respectivamente, em suas regiões metropolitanas (2010), são consideradas megacidades.

Grandes problemas sociais urbanos

A intensificação do processo de urbanização que ocorreu no Brasil após a Segunda Guerra Mundial (1939-1945) resultou na ocorrência de um fenômeno denominado genericamente de **inchaço urbano**: expressão utilizada para caracterizar a existência de um número de habitantes superior ao que ela pode abrigar, levando em conta, por exemplo, a disponibilidade dos serviços (transporte coletivo, saúde, educação, saneamento básico) e de empregos.

O inchaço urbano agravou uma série de problemas sociais em várias cidades brasileiras, principalmente naquelas em processo de expansão industrial e que funcionavam como polo de atração de migrantes de várias partes do país. Entre esses problemas, encontram-se a proliferação de moradias e de trabalhos precários.

O déficit de moradias no Brasil em 2010, segundo o IBGE, era de aproximadamente 8 milhões de habitações. Esse fato explica, em grande parte, a proliferação de favelas, cortiços e loteamentos clandestinos em várias cidades brasileiras, por causa, principalmente, dos baixos rendimentos de grande parte dos trabalhadores urbanos, que não conseguem comprar ou pagar o aluguel de uma residência próxima ao seu local de trabalho.

Atualmente, os loteamentos periféricos são a forma típica de expansão da moradia popular nas grandes metrópoles. Esses loteamentos são distantes dos centros comerciais e de serviços e definem uma das faces do padrão espacial das metrópoles: a da expulsão da população de baixa renda para a periferia, onde, por sinal, vive a maior parte da população de muitas cidades brasileiras, entre as quais a mais populosa do país, São Paulo.

Além da questão das moradias, a violência urbana é uma das faces mais dramáticas dos problemas que afligem as populações de grande parte das cidades brasileiras. Além de provocar danos físicos e psicológicos irreparáveis às vítimas, gera um clima de insegurança generalizada.

Entre as causas apontadas como responsáveis pelo aumento da violência nas cidades brasileiras, podemos citar o inchaço urbano e o aumento de espaços segregados – áreas onde a presença do poder público é quase inexistente. Esse cenário favorece o aliciamento de crianças e jovens.

A insegurança nas cidades brasileiras tem contribuído para que ocorram segregações socioespaciais cada vez mais explícitas, já que a população de maior renda, em nome de sua segurança, transforma as residências e as áreas por onde circulam em "enclaves urbanos fortificados".

Grandes problemas ambientais urbanos

A urbanização acelerada, além das graves consequências sociais, acarreta problemas de ordem ambiental. As populações das grandes cidades brasileiras são afetadas por poluição atmosférica, chuvas ácidas, poluição hídrica, enchentes e formação de ilhas de calor.

A **poluição atmosférica** é um sério problema em qualquer lugar, seja em áreas mais ricas ou mais pobres, mais quentes ou mais frias, na América, na Europa ou na Ásia, mesmo porque, com a circulação das massas de ar, é comum uma região sofrer as consequências da poluição produzida em outros locais.

Entre os principais resíduos produzidos pelo homem e lançados na atmosfera, destacam-se o material particulado e os gases tóxicos. A principal origem de tal material são as chaminés industriais, os escapamentos dos veículos, os resíduos das queimadas e a poeira produzida pela exploração mineral e agrícola e pela construção civil.

Tais elementos suspensos na atmosfera, além de afetar diretamente a saúde humana, causando doenças respiratórias muitas vezes fatais, são responsáveis por problemas como o agravamento do efeito estufa e a inversão térmica, que aumenta a concentração de poluentes na superfície e cria uma névoa química conhecida como *smog*.

A **inversão térmica** é uma condição meteorológica que ocorre quando uma camada de ar frio, mais denso, se instala abaixo da camada de ar quente. Dessa forma, a circulação atmosférica fica prejudicada e faz que os poluentes se mantenham próximos da superfície, como pode ser observado na figura.

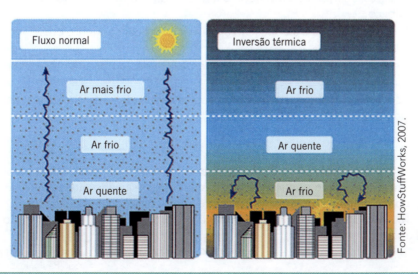

Fonte: HowStuffWorks, 2007.

O *smog* contribui para a ocorrência das **chuvas ácidas**, que resultam da combinação entre o vapor-d'água presente na atmosfera e os poluentes, o que acaba formando ácidos, como o nítrico e o sulfúrico. A ocorrência desse fenômeno não se restringe às áreas urbano-industriais poluidoras, pois os poluentes emitidos pelas indústrias são transportados pela circulação atmosférica.

Entre as consequências das chuvas ácidas, destacam-se: os prejuízos relacionados à vegetação e à hidrografia; as alterações na qualidade dos alimentos e da água para o consumo; a intensificação do processo de corrosão dos materiais, das máquinas, das edificações e dos equipamentos urbanos.

As **enchentes urbanas** são outro grave problema de muitas cidades. Elas ocorrem em grande parte das cidades brasileiras e são ocasionadas por uma série de fatores, como a impermeabilização do solo, causada pelo asfaltamento e pelas construções, que impedem que as águas pluviais infiltrem no solo, aumentando assim o volume de água que escoa para os rios. Esse fato é agravado pelas deficiências no sistema de escoamento das águas pluviais, como a captação e a canalização das águas da chuva.

Outro fator prejudicial é a ocupação indiscriminada das várzeas dos rios que cortam esses centros urbanos, visto que nessas áreas é que deveriam ocorrer as inundações naturais. O assoreamento dos rios e dos canais, causado pela deposição de lixo e de entulhos, também contribui para agravar o problema.

Já as **ilhas de calor** são anomalias climáticas que ocorrem em determinadas cidades, quando a temperatura em sua parte central fica muito mais elevada que nas regiões periféricas. Isso acontece em razão de fatores que contribuem para a retenção de calor nas áreas centrais, como a grande quantidade de edificações e asfaltamento, o que resulta na diminuição de áreas verdes. Além disso, a existência de um grande número de prédios dificulta a circulação atmosférica local.

Para se ter ideia da variação de temperatura que ocorre nas grandes cidades como resultado desse fenômeno, em São Paulo já chegou a ser registrada uma diferença de 10 °C entre a temperatura medida na sua região central e a temperatura medida em suas regiões mais periféricas.

1 (Enem)

Subindo morros, margeando córregos ou penduradas em palafitas, as favelas fazem parte da paisagem de um terço dos municípios do país, abrigando mais de 10 milhões de pessoas, segundo dados do Instituto Brasileiro de Geografia e Estatística (IBGE).

MARTINS, Ana Rita. *A favela como um espaço da cidade*. Disponível em: <www.revistaescola.abril.com.br>. Acesso em: 31 jul. 2010.

A situação das favelas no país reporta a graves problemas de desordenamento territorial. Nesse sentido, uma característica comum a esses espaços tem sido:

a) o planejamento para a implantação de infraestruturas urbanas necessárias para atender as necessidades básicas dos moradores.

b) a organização de associações de moradores interessadas na melhoria do espaço urbano e financiadas pelo poder público.

c) a presença de ações referentes à educação ambiental com consequente preservação dos espaços naturais circundantes.

d) a ocupação de áreas de risco suscetíveis a enchentes ou desmoronamentos com consequentes perdas materiais e humanas.

e) o isolamento socioeconômico dos moradores ocupantes desses espaços com a resultante multiplicação de políticas que tentam reverter esse quadro.

2 (Enem)

Os lixões são o pior tipo de disposição final dos resíduos sólidos de uma cidade, representando um grave problema ambiental e de saúde pública. Nesses locais, o lixo é jogado diretamente no solo e a céu aberto, sem nenhuma norma de controle, o que causa, entre outros problemas, a contaminação do solo e das águas pelo chorume (líquido escuro com alta carga poluidora, proveniente da decomposição da matéria orgânica presente no lixo).

RICARDO, Beto; CAMPANILI, Maura. *Almanaque Brasil Socioambiental 2008*. São Paulo: Instituto Socioambiental, 2007.

Considere um município que deposita os resíduos sólidos produzidos por sua população em um lixão. Esse procedimento é considerado um problema de saúde pública porque os lixões:
a) causam problemas respiratórios, devido ao mau cheiro que provém da decomposição.
b) são locais propícios à proliferação de vetores de doenças, além de contaminar o solo e as águas.
c) provocam o fenômeno da chuva ácida, devido aos gases oriundos da decomposição da matéria orgânica.
d) são instalados próximos ao centro das cidades, afetando toda a população que circula diariamente na área.
e) são responsáveis pelo desaparecimento das nascentes na região onde são instalados, o que leva à escassez de água.

3 (Enem) Chuva ácida é o termo utilizado para designar precipitações com valores de pH inferiores a 5,6. As principais substâncias que contribuem para esse processo são os óxidos de nitrogênio e de enxofre provenientes da queima de combustíveis fósseis e, também, de fontes naturais. Os problemas causados pela chuva ácida ultrapassam fronteiras políticas regionais e nacionais.

A amplitude geográfica dos efeitos da chuva ácida está relacionada principalmente com:
a) a circulação atmosférica e a quantidade de fontes emissoras de óxidos de nitrogênio e de enxofre.
b) a quantidade de fontes emissoras de óxidos de nitrogênio e de enxofre e a rede hidrográfica.
c) a topografia do local das fontes emissoras de óxidos de nitrogênio e de enxofre e o nível dos lençóis freáticos.
d) a quantidade de fontes emissoras de óxidos de nitrogênio e de enxofre e o nível dos lençóis freáticos.
e) a rede hidrográfica e a circulação atmosférica.

4 (Enem) Moradores de três cidades, aqui chamadas de X, Y e Z, foram indagados quanto aos tipos de poluição que mais afligiam suas áreas urbanas. Nos gráficos a seguir, estão representadas as porcentagens de reclamações sobre cada tipo de poluição ambiental.

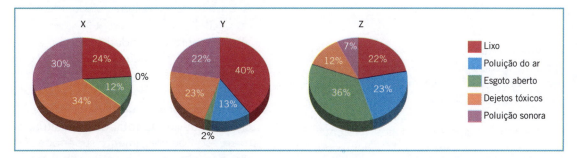

Considerando a queixa principal dos cidadãos de cada cidade, a primeira medida de combate à poluição em cada uma delas seria, respectivamente:
a) X – manejamento de lixo; Y – esgotamento sanitário; Z – controle de emissão de gases.
b) X – controle de despejo industrial; Y – manejamento de lixo; Z – controle de emissão de gases.
c) X – manejamento de lixo; Y – esgotamento sanitário; Z – controle de despejo industrial.
d) X – controle de emissão de gases; Y – controle de despejo industrial; Z – esgotamento sanitário.
e) X – controle de despejo industrial; Y – manejamento de lixo; Z – esgotamento sanitário.

AULA 13

Competência 4 Entender as transformações técnicas e tecnológicas e seu impacto nos processos de produção, no desenvolvimento do conhecimento e na vida social.

Habilidade 19 Reconhecer as transformações técnicas e tecnológicas que determinam as várias formas de uso e apropriação dos espaços rural e urbano.

Em classe

MEIO RURAL

Produção agropecuária no mundo

Importância da agropecuária no Brasil

Principais cultivos

Maiores rebanhos

Grandes problemas sociais no campo

1 (Enem)

Aumento de produtividade

Nos últimos 60 anos, verificou-se grande aumento da produtividade agrícola nos Estados Unidos da América (EUA). Isso se deveu a diversos fatores, tais como expansão do uso de fertilizantes e pesticidas, biotecnologia e maquinário especializado. O gráfico abaixo apresenta dados referentes à agricultura desse país no período compreendido entre 1948 e 2004.

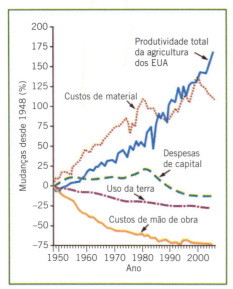

Fonte: Scientific American Brasil, jun. 2007, p. 19. Adaptado.

A respeito da agricultura estadunidense no período de 1948 a 2004, observa-se que:

a) o aumento da produtividade foi acompanhado da redução de mais de 70% dos custos de mão de obra.

b) o valor mínimo dos custos de material ocorreu entre as décadas de 1970 e 1980.

c) a produtividade total da agricultura dos EUA apresentou crescimento superior a 200%.

d) a taxa de crescimento das despesas de capital manteve-se constante entre as décadas de 1970 e 1990.

e) o aumento da produtividade foi diretamente proporcional à redução das despesas de capital.

2 (Enem) A luta pela terra no Brasil é marcada por diversos aspectos que chamam a atenção. Entre os aspectos positivos, destaca-se a perseverança dos movimentos do campesinato e, entre os aspectos negativos, a violência que manchou de sangue essa história. Os movimentos pela reforma agrária articularam-se por todo o território nacional, principalmente entre 1985 e 1996, e conseguiram de maneira expressiva a inserção desse tema nas discussões pelo acesso à terra. O mapa seguinte apresenta a distribuição dos conflitos agrários em todas as regiões do Brasil nesse período e o número de mortes ocorridas nessas lutas.

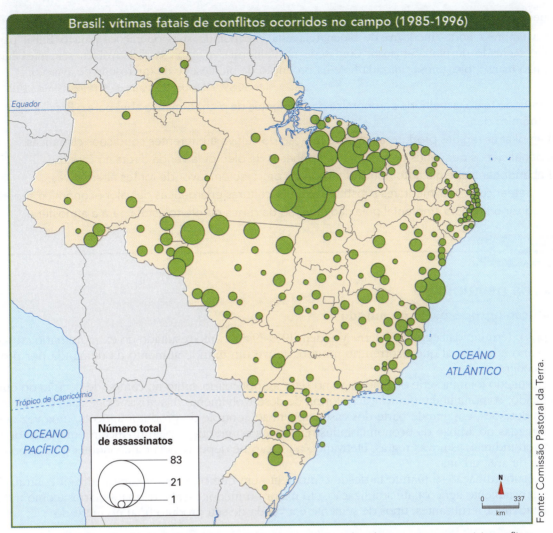

OLIVEIRA, Ariovaldo Umbelino. A longa marcha do campesinato brasileiro: movimentos sociais, conflitos e reforma agrária. *Revista Estudos Avançados*. Vol. 15, n. 43, São Paulo, set./dez. 2001.

Com base nas informações do mapa acerca dos conflitos pela posse de terra no Brasil, a região:

a) conhecida historicamente como das Missões Jesuíticas é a de maior violência.
b) do Bico do Papagaio apresenta os números mais expressivos.
c) conhecida como oeste baiano tem o maior número de mortes.
d) do norte do Mato Grosso, área de expansão da agricultura mecanizada, é a mais violenta do país.
e) da Zona da Mata mineira teve o maior registro de mortes.

3 (Enem)

Antes, eram apenas as grandes cidades que se apresentavam como o império da técnica, objeto de modificações, suspensões, acréscimos, cada vez mais sofisticadas e carregadas de artifício. Esse mundo artificial inclui, hoje, o mundo rural.

SANTOS, Milton. *A natureza do espaço*. São Paulo: Hucitec, 1996.

Considerando a transformação mencionada no texto, uma consequência socioespacial que caracteriza o atual mundo rural brasileiro é:

a) a redução do processo de concentração de terras.
b) o aumento do aproveitamento de solos menos férteis.
c) a ampliação do isolamento do espaço rural.
d) a estagnação da fronteira agrícola do país.
e) a diminuição do nível de emprego formal.

4 (Enem)

Uma empresa norte-americana de bioenergia está expandindo suas operações para o Brasil para explorar o mercado de pinhão-manso. Com sede na Califórnia, a empresa desenvolveu sementes híbridas de pinhão-manso, oleaginosa utilizada hoje na produção de biodiesel e de querosene de aviação.

MAGOSSI, Eduardo. *O Estado de S. Paulo.* 19 maio 2011. Adaptado.

A partir do texto, a melhoria agronômica das sementes de pinhão-manso abre para o Brasil a oportunidade econômica de:

a) ampliar as regiões produtoras pela adaptação do cultivo a diferentes condições climáticas.
b) beneficiar os pequenos produtores camponeses de óleo pela venda direta ao varejo.
c) abandonar a energia automotiva derivada do petróleo em favor de fontes alternativas.
d) baratear cultivos alimentares substituídos pelas culturas energéticas de valor econômico superior.
e) reduzir o impacto ambiental pela não emissão de gases do efeito estufa para a atmosfera.

Em casa

TEXTOS DE APOIO

Produção agropecuária no mundo

Após o término da Segunda Guerra Mundial (1939-1945), como resultado do extraordinário crescimento urbano e industrial que ocorreu no mundo, houve um grande aumento da demanda por produtos agropecuários.

O resultado foi uma série de mudanças no setor agropecuário, tanto no campo de decisão do que será produzido, como também em relação à forma de desenvolvimento das novas exigências do mercado.

Tais decisões, em grande parte dos casos, fogem ao controle do produtor agrícola, uma vez que elas são tomadas no âmbito da economia industrial, aliada ao grande capital financeiro, que dita, de forma direta ou indireta, as novas regras, efetivando a relação de dependência da economia do campo em relação à da área urbana.

Essa subordinação se manifesta desde o momento em que o produtor rural realiza a contratação de um financiamento agrícola até a utilização, em maior ou menor escala, de maquinários (como tratores e colheitadeiras), fertilizantes, tipos de semente e a venda de seu produto final no mercado.

OGMs

O avanço que ocorreu no setor da biotecnologia vinculado ao da engenharia genética, nas últimas décadas, resultou na elevação muito expressiva da produtividade no campo, tanto na agricultura como na pecuária. O melhor exemplo da ação da engenharia genética nos dias atuais é o crescimento do cultivo de produtos transgênicos, também conhecidos como **organismos geneticamente modificados** (OGMs). A obtenção desses produtos se faz por meio da inserção de certos genes em variedades vegetais, com a finalidade de torná-las resistentes à ação destrutiva de certas pragas ou do uso de agrotóxicos (herbicidas, inseticidas e fungicidas). As sementes transgênicas são usadas no cultivo de uma série de produtos, como arroz, milho, batata, tomate e, principalmente, soja.

Importância da agropecuária no Brasil

A atividade agropecuária inclui:
- a agricultura ou o cultivo de plantas, com o objetivo de obter alimentos (como o arroz, o feijão e as frutas);
- a produção de matérias-primas para o setor industrial (o plantio de fibras, como o algodão, para o setor têxtil, e a soja, para produzir óleos vegetais), para o setor de energia (a cana-de-açúcar, para a fabricação de etanol), entre outros;
- as atividades desenvolvidas na pecuária, ou a criação de animais, com o objetivo de obter alimentos (como carne, leite e ovos) e matérias-primas (como couro e lã).

O Brasil destaca-se no cenário internacional quando o assunto é produção agrícola. Isso acontece, entre outros aspectos, graças às suas amplas possibilidades naturais e à ocorrência de um grande avanço, nas últimas décadas, na tecnologia de cultivo e das sementes e no setor de criação animal.

A expressividade dessa atividade no Brasil, além de atender a demanda interna por produtos agropecuários, permite nos posicionarmos como um dos maiores exportadores mundiais de soja, café, laranja, carne e seus respectivos manufaturados, como óleo de soja e suco de laranja.

O valor das exportações agropecuárias no Brasil corresponde a mais de um terço do valor total de suas exportações. Isso quer dizer, portanto, que, apesar do crescimento e da diversidade da economia brasileira, atualmente, ela ainda é bastante dependente do agronegócio, setor da economia que abrange qualquer atividade direcionada à produção, ao beneficiamento e à comercialização de produtos de natureza agropecuária.

Principais cultivos

Grandes áreas do Brasil apresentam cultivos direcionados à produção agroindustrial para exportação (como a soja, o café, o algodão e a laranja) e à produção energética (como a cana-de-açúcar). Tais cultivos são desenvolvidos, geralmente, em grandes propriedades, apoiados por consideráveis investimentos financeiros. Esse tipo de agricultura é essencialmente comercial e moderno, pois é desenvolvido com pouca mão de obra, que é assalariada, além da larga aplicação de capital e tecnologia. São comuns a mecanização, a seleção de sementes, o uso de fertilizantes, o combate à erosão e às pragas, entre outras práticas.

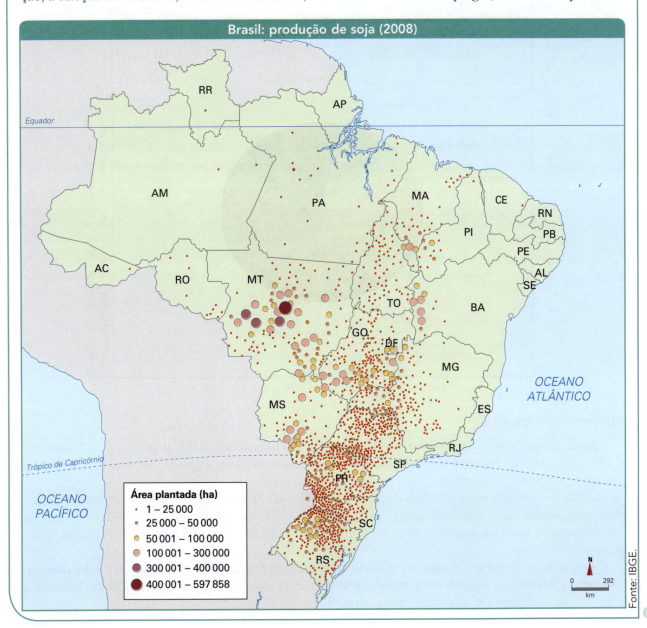

O exemplo mais marcante desse tipo de agricultura no Brasil é o caso da soja, desenvolvido em quase todo o país, apoiado em uma moderna estrutura de produção. Consequentemente, apresenta elevado nível de produtividade e competitividade internacional. Segundo muitos analistas, foi a soja que liderou o processo de modernização da agricultura brasileira nas últimas décadas.

Apesar da crescente expansão da agricultura moderna, tanto na produção de alimentos como na de matérias-primas, para atender as demandas interna e externa, ainda hoje encontramos em muitas áreas do Brasil uma agricultura de subsistência, desenvolvida em pequenas propriedades e apoiada em um sistema de produção extensiva.

O sistema tradicional de produção agropecuária predomina nas regiões mais atrasadas economicamente, nas quais não há investimentos financeiros em tecnologia, resultando em uma baixa produtividade. Um exemplo de prática arcaica de cultivo é a denominada agricultura itinerante, que se dedica ao cultivo de produtos alimentares, como feijão, milho e mandioca.

Nesse tipo de agricultura, o produtor rural ocupa uma área de formação vegetal nativa, adotando técnicas primitivas para a plantação, como o desmatamento e a queimada, que provocam o esgotamento precoce do solo, obrigando o agricultor a mudar-se mais tarde para outra área, onde repetirá o processo.

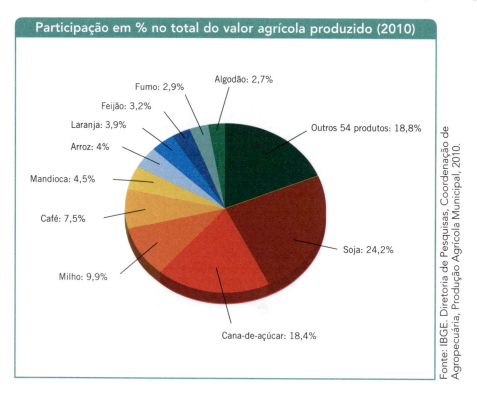

Fonte: IBGE. Diretoria de Pesquisas, Coordenação de Agropecuária, Produção Agrícola Municipal, 2010.

Maiores rebanhos

A produção pecuária nacional atende a demanda interna fornecendo matérias-primas para frigoríficos e laticínios, além de ter uma grande importância em nossa pauta de exportações. Entre os rebanhos existentes no Brasil, destacam-se o de bovinos e o de suínos.

O rebanho bovino brasileiro é um dos maiores do mundo. Entre os fatores que contribuem para o desenvolvimento dessa atividade no país, encontram-se os de ordem natural: grandes áreas de relevo suave, campos naturais, variados tipos de clima e solos que permitem o cultivo de vegetação para pastagem.

O fato de o Brasil abrigar em seu território um dos maiores rebanhos bovinos não quer dizer que não existam problemas no desenvolvimento dessa atividade, já que grande parte da criação de bovinos é feita de forma extensiva e, portanto, marcada pela baixa produtividade.

A pecuária intensiva e a pecuária extensiva

O desenvolvimento da pecuária sofre a influência de três fatores: terra (aspectos naturais de uma região), trabalho (mão de obra utilizada) e capital (investimento realizado). De acordo com o predomínio de um deles, o desenvolvimento da atividade agropecuária classifica-se em dois sistemas principais: o extensivo, praticado em grandes propriedades sem a utilização de tecnologia no processo do desenvolvimento pecuário, e o intensivo, no qual se verifica a enorme influência do fator tecnológico e dos investimentos financeiros no processo do desenvolvimento da pecuária. Além disso, na pecuária intensiva, os rebanhos são menores, criados em pequenas áreas e envolvendo grande cuidado com a higiene e a saúde dos animais. O custo da criação é elevado, porém compensado pelo lucro obtido com a alta produtividade. O objetivo é criar o melhor animal, no menor tempo e com o menor custo. Por isso, há investimentos em métodos zootécnicos modernos. Um exemplo desse tipo de criação é a de bovinos para a produção de leite no sul de Minas Gerais.

Grandes problemas sociais no campo

Apesar das condições naturais favoráveis e da força dessa atividade, existe uma série de problemas sociais que afligem muitas pessoas que vivem no espaço rural brasileiro. Entre eles podemos destacar a questão das distorções existentes na **estrutura fundiária** do país e as **relações de trabalho** no campo.

A estrutura fundiária brasileira, ou seja, a forma como se distribuem as propriedades rurais, é extremamente concentradora. Isso significa que pouca gente possui muita terra e muita gente possui pouquíssima terra, sem falar dos trabalhadores rurais que não possuem terra alguma. Outro problema é que muitas terras são subaproveitadas, isto é, são pouco utilizadas ou permanecem improdutivas.

A forte concentração de terras nas mãos de poucos proprietários e a existência de propriedades improdutivas deixam milhões de trabalhadores em situação alarmante. Atualmente, há no Brasil aproximadamente 12 milhões de pessoas sem terra. São 4,8 milhões de famílias de trabalhadores rurais que, não tendo acesso à propriedade, vivem em condições precárias, obrigadas a um deslocamento constante pelas fazendas do interior brasileiro em busca de serviço.

Esses números foram levantados pelo Movimento dos Trabalhadores Rurais Sem Terra (MST), entidade que visa organizar politicamente a população rural para pressionar o governo a dar uma solução efetiva para o problema. A luta pela posse da terra envolve um número cada vez maior de pessoas no Brasil e tem contribuído de forma expressiva para o agravamento dos conflitos que ocorrem no campo.

O número de conflitos que ocorrem no Brasil por disputa de terras reforça os argumentos das pessoas que defendem a aceleração de uma reforma no sistema de distribuição de terras, denominada **reforma agrária**. Ela seria um caminho para a solução de inúmeras questões ligadas à concentração de terras, à produção econômica e à melhoria das condições sociais.

Fonte: *Atlas da questão agrária da terra* e dados da Comissão Pastoral da Terra, 2008.

Além dos problemas acarretados pela má distribuição das terras, o Brasil enfrenta grandes obstáculos quando o assunto envolve as relações de trabalho no campo. Existem diversos regimes de trabalho no meio rural brasileiro (muitas vezes, os trabalhadores se submetem a dois regimes ao mesmo tempo). De acordo com o regime de atuação, os trabalhadores rurais classificam-se em:

- posseiros – instalam-se em terras que não lhes pertencem, ou seja, terras devolutas (do governo) ou de terceiros;
- parceiros – trabalham na terra de outra pessoa, em troca de parte da produção obtida; quando essa parte corresponde a 50%, o trabalhador é chamado de meeiro;
- pequenos proprietários – cultivam sua própria terra para abastecer a família e para negociar no mercado local (subsistência);
- não remunerados – são membros do grupo familiar do trabalhador (mulher, filhos e outros dependentes) que o ajudam sem receber pagamento pela atividade;
- arrendatários – alugam a terra de alguém, pagando em dinheiro; em geral, dispõem de certo capital e de equipamentos;
- assalariados permanentes – moram nas propriedades em que trabalham, mantendo vínculo empregatício, com registro profissional e todos os direitos legais;
- assalariados temporários – são contratados por dia, para realizar tarefa ou empreitada, sem direito a morar na terra; geralmente, habitam a periferia das cidades e deslocam-se diariamente para trabalhar no campo.

Os trabalhadores temporários são denominados, usualmente, no Centro-Sul, de boias-frias. A maior parte deles é contratada como diarista, por uma empresa rural ou grandes proprietários de terras, normalmente nos períodos de colheita. Esses trabalhadores rurais moram no campo ou nas cidades em condições sociais bastante precárias e são remunerados pelo que produzem, ou seja, o pagamento é calculado sobre o que cada trabalhador consegue executar durante sua jornada de trabalho.

1 (Enem) O gráfico mostra o percentual de áreas ocupadas no Brasil, segundo o tipo de propriedade rural, em 2006.

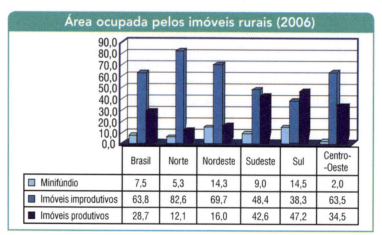

Fonte: MDA/Incra (Dieese, 2006). Disponível em: <www.sober.org.br>. Acesso em: 6 ago. 2009.

De acordo com o gráfico e com referência à distribuição das áreas rurais no Brasil, conclui-se que:

a) imóveis improdutivos são predominantes em relação às demais formas de ocupação da terra no âmbito nacional e na maioria das regiões.

b) o índice de 63,8% de imóveis improdutivos demonstra que grande parte do solo brasileiro é de baixa fertilidade, impróprio para a atividade agrícola.

c) o percentual de imóveis improdutivos iguala-se ao de imóveis produtivos somados aos minifúndios, o que justifica a existência de conflitos por terra.

d) a região Norte apresenta o segundo menor percentual de imóveis produtivos, possivelmente em razão da presença de densa cobertura florestal, protegida por legislação ambiental.

e) a região Centro-Oeste apresenta o menor percentual de área ocupada por minifúndios, o que inviabiliza políticas de reforma agrária nesta região.

2 (Enem)

A maioria das pessoas daqui era do campo. Vila Maria é hoje exportadora de trabalhadores. Empresários de Primavera do Leste, estado de Mato Grosso, procuram o bairro de Vila Maria para conseguir mão de obra. É gente indo distante daqui 300, 400 quilômetros para ir trabalhar, para ganhar sete conto por dia. (Carlito, 43 anos, maranhense, entrevistado em 22/03/98).

> RIBEIRO, Hidelberto de Sousa. *O migrante e a cidade*: dilemas e conflitos. Araraquara: Wunderlich, 2001. Adaptado.

O texto retrata um fenômeno vivenciado pela agricultura brasileira nas últimas décadas do século XX, consequência:

a) dos impactos sociais da modernização da agricultura.
b) da recomposição dos salários do trabalhador rural.
c) da exigência de qualificação do trabalhador rural.
d) da diminuição da importância da agricultura.
e) dos processos de desvalorização de áreas rurais.

3 (Enem)

De 15% a 20% da área de um canavial precisa ser renovada anualmente. Entre o período de corte e o de plantação de novas canas, os produtores estão optando por plantar leguminosas, pois elas fixam nitrogênio no solo, um adubo natural para a cana. Essa opção de rotação é agronomicamente favorável, de forma que municípios canavieiros são hoje grandes produtores de soja, amendoim e feijão.

> ARAIA, Eduardo. A encruzilhada da fome. *Planeta*. São Paulo: Editora Três, ano 36, n. 430, jul. 2008. Adaptado.

A rotação de culturas citada no texto pode beneficiar economicamente os produtores de cana porque:

a) a decomposição da cobertura morta dessas culturas resulta em economia na aquisição de adubos industrializados.
b) o plantio de cana-de-açúcar propicia um solo mais adequado para o cultivo posterior da soja, do amendoim e do feijão.
c) as leguminosas absorvem do solo elementos químicos diferentes dos absorvidos pela cana, restabelecendo o equilíbrio do solo.
d) a queima dos restos vegetais do cultivo da cana-de-açúcar transforma-os em cinzas, sendo reincorporadas ao solo, o que gera economia na aquisição de adubo.
e) a soja, o amendoim e o feijão, além de possibilitar a incorporação ao solo de determinadas moléculas disponíveis na atmosfera, são grãos comercializados no mercado produtivo.

4 (Enem)

No estado de São Paulo, a mecanização da colheita da cana-de-açúcar tem sido induzida também pela legislação ambiental, que proíbe a realização de queimadas em áreas próximas aos centros urbanos. Na região de Ribeirão Preto, principal polo sucroalcooleiro do país, a mecanização da colheita já é realizada em 516 mil dos 1,3 milhão de hectares cultivados com cana-de-açúcar.

> BALSADI, Otavio et al. Transformações tecnológicas e a força de trabalho na agricultura brasileira no período de 1990-2000. *Revista de economia agrícola*. v. 49 (1), 2002.

O texto aborda duas questões, uma ambiental e outra socioeconômica, que integram o processo de modernização da produção canavieira. Em torno da associação entre elas, uma mudança decorrente desse processo é a:

a) perda de nutrientes do solo devido à utilização constante de máquinas.
b) eficiência e a racionalidade no plantio com maior produtividade na colheita.
c) ampliação da oferta de empregos nesse tipo de ambiente produtivo.
d) menor compactação do solo pelo uso de maquinário agrícola de porte.
e) poluição do ar pelo consumo de combustíveis fósseis pelas máquinas.

AULA 14

Competência 4 Entender as transformações técnicas e tecnológicas e seu impacto nos processos de produção, no desenvolvimento do conhecimento e na vida social.

Habilidade 18 Analisar diferentes processos de produção ou circulação de riquezas e suas implicações socioespaciais.

Em classe

REDES DE TRANSPORTE E COMÉRCIO

Setor terciário

Transporte

- Modais de transporte.
- Escolha do modal mais adequado.

Comércio

- Brasil: comércio interno.
- Comércio externo.
- Brasil: comércio externo.

1 (PUC-RS) Responda à questão com base no gráfico referente à distribuição da PEA por setor de atividade.

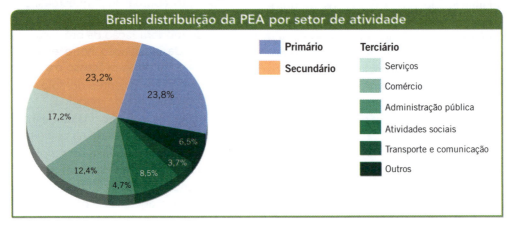

Pela análise do gráfico referente à População Economicamente Ativa (PEA), é correto afirmar que:

a) o menor número da população ativa concentra-se no setor primário, pois gradualmente a mecanização do campo transfere o antigo camponês para o trabalho nas indústrias tradicionais e carentes de mão de obra.
b) a maior concentração da população ativa está no setor terciário; assim como nos países ricos, só há profissionais especializados trabalhando nesse setor com prestadores de serviço de pouca ou nenhuma qualificação profissional.
c) o trabalho informal distribuído pelas diferentes atividades do setor secundário está sempre vulnerável a diversos fatores, como variação cambial, questões de fronteiras e represálias policiais.
d) a abertura de pequenos negócios em espaços mais carentes dos grandes centros urbanos, reflexo da desorganização socioeconômica do país, tem inchado o setor terciário.
e) o quadro apresentado reflete a realidade vivenciada pelos países de economia planificada no período geopolítico anterior à Nova Ordem.

2 (Enem) Leia as características geográficas dos países X e Y.

País X
- desenvolvido
- pequena dimensão territorial
- clima rigoroso com congelamento de alguns rios e portos
- intensa urbanização
- autossuficiência de petróleo

País Y
- subdesenvolvido
- grande dimensão territorial
- ausência de problemas climáticos, rios caudalosos e extenso litoral
- concentração populacional e econômica na faixa litorânea
- exportador de produtos primários de baixo valor agregado

A partir da análise dessas características é adequado priorizar as diferentes modalidades de transporte de carga, na seguinte ordem:
a) país X – rodoviário, ferroviário e aquaviário.
b) país Y – rodoviário, ferroviário e aquaviário.
c) país X – aquaviário, ferroviário e rodoviário.
d) país Y – rodoviário, aquaviário e ferroviário.
e) país X – ferroviário, aquaviário e rodoviário.

3 A política de transportes no Brasil se caracteriza por:

I. concentrar grandes investimentos nos transportes ferroviários gerando um encarecimento dos produtos transportados;
II. consumir excessivamente os derivados do petróleo, arcando, assim, com o ônus da importação, uma consequente queima de divisas;
III. manter uma ineficiente rede de transportes, provocando o encarecimento dos preços dos produtos transportados.

Assinale a alternativa correta.
a) As afirmativas I e II estão corretas.
b) As afirmativas II e III estão corretas.
c) As afirmativas I, II e III estão corretas.
d) Apenas a afirmativa II está correta.
e) As afirmativas I e III estão corretas.

4 As relações comerciais exteriores constituem um dos laços econômicos mais significativos que interligam um país ao mercado mundial. A inserção do Brasil na economia mundial pode ser identificada:
a) pela estratégia da diplomacia brasileira em criar uma imagem externa de estabilidade econômica do país.
b) pela política de substituição de importações como alternativa aos períodos de recessão econômica.
c) pelos acordos político-econômicos com o FMI, resultantes da geopolítica latino-americana.
d) pelos planos econômicos de contenção da inflação como solução das desigualdades sociais.
e) pela rede portuária e sua localização na América do Sul, o que favorece a circulação de mercadorias.

Em casa

TEXTOS DE APOIO

Setor terciário

O Produto Interno Bruto (PIB) de um país é calculado pela soma dos valores produzidos pelos três setores da sua economia: o setor primário (ou agrícola), o secundário (ou industrial) e o terciário (ou de comércio e serviços).

Atualmente, em quase todo o mundo, o terciário é o setor de maior valor de produção. Nos países desenvolvidos, representa, em média, 70% e, no Brasil, essa participação é de aproximadamente 60%.

Esse setor da economia (o terciário) abrange atividades muito variadas, como segurança, previdência, coleta de lixo, saneamento, educação, saúde, lazer, turismo, comércio, intermediação financeira, alimentação, informatização, assistência jurídica, etc., oferecidas por empresas privadas ou públicas, profissionais liberais e trabalhadores informais.

As principais causas do aumento da participação do setor terciário no PIB de um país são a expansão da atividade industrial e o crescimento da população urbana, pois ambos geram uma elevação do nível de complexidade da organização econômica, resultando na expansão dos serviços oferecidos nos campos administrativo, financeiro, dos seguros, da publicidade, do comércio, etc.

A recente globalização da economia ampliou a escala desse processo, disseminando por todo o planeta uma intensa rede de comércio e de serviços. A implantação de novas tecnologias nos transportes e nas telecomunicações, tornando-os mais rápidos e eficientes, provocou a aceleração dos fluxos de pessoas, mercadorias, capitais e informações por todo o mundo.

Transporte

Modais de transporte

O setor de transportes é um dos mais importantes componentes do sistema produtivo de um país, pois tem um peso relativamente alto no custo dos bens que são ofertados no mercado e na qualidade dos serviços prestados pelas empresas que os produzem. Para entregar esses bens aos seus compradores sem danos materiais e no prazo que foi definido no ato da compra, é de fundamental importância uma infraestrutura de transporte variada e que tenha qualidade e eficiência.

Os principais modais de transporte são: rodoviário, ferroviário, aeroviário, hidroviário ou aquaviário (transporte realizado por embarcações em meio marítimo, fluvial ou lacustre), e dutoviário (realizado por tubulações, denominadas dutos, usadas para transportar petróleo e derivados, gás e minérios).

Escolha do modal mais adequado

Cada empresa deve ter a possibilidade de escolher o meio (ou modal) de transporte que seja mais adequado ao seu produto. Essa escolha leva em conta fatores como o tipo de carga, a velocidade do transporte, a distância e as características geográficas do local de destino, o consumo de combustível, a capacidade de carga, etc.

Em função desses fatores, é possível definir as características de cada um dos modais:

a) **Rodoviário** – carrega pouca carga proporcionalmente à quantidade de energia que consome, porém tem baixo custo de implantação, permite deslocar as mercadorias de porta a porta e com grande rapidez, sendo usado preferencialmente para o deslocamento de cargas leves (como os bens de consumo) e por pequenas distâncias.

b) **Ferroviário** – tem elevado custo de implantação e operacionalidade, pois o traçado das ferrovias deve ser o mais reto e plano possível. Por outro lado, apresenta uma grande capacidade de deslocamento de cargas com baixo consumo de energia, sendo usado preferencialmente para o deslocamento de cargas pesadas (como as *commodities* minerais e agrícolas) e por longas distâncias.

c) **Hidroviário** – aparentemente, seus custos de implantação são mais baixos por usar cursos-d'água naturais, como os oceanos, rios e mares navegáveis, porém processos de nivelamento, dragagem e sinalização são muitas vezes necessários e custosos. Embora seja o mais lento de todos, é o modal com maior capacidade de carga e o mais usado no transporte intercontinental.

d) **Aeroviário** – é o mais caro meio de transporte devido à relativamente pequena capacidade de carga que pode transportar proporcionalmente ao seu elevado consumo de combustível. Por isso é usado preferencialmente para realizar o deslocamento de mercadorias de alto valor e que tenham urgência de chegar a seu destino, já que é também o mais rápido de todos.

e) **Dutoviário** – tem elevado custo de implantação, mas baixo custo de energia utilizada (os motores que impulsionam as mercadorias dentro das tubulações são movidos a eletricidade). É usado preferencialmente para realizar o deslocamento de grande volume de material (petróleo, gás e minérios) por médias e longas distâncias.

De forma geral, países de grande extensão territorial, como Rússia, Canadá, China e EUA, apresentam elevada participação dos modais ferroviário e hidroviário para o transporte de mercadorias, por serem mais adequados a longas distâncias. O Brasil, no entanto, foge a essa regra, pois por aqui o transporte rodoviário tem uma importância muito maior que os demais (veja gráfico a seguir).

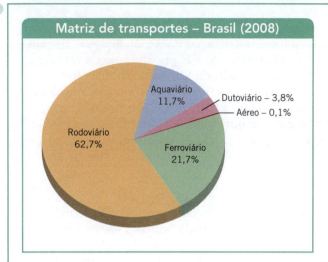
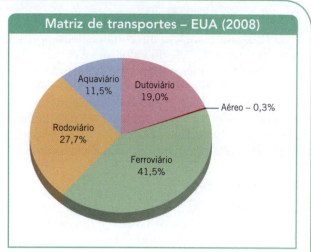

Fonte: Análises do Instituto Ilos.

As explicações para tal fato vão desde a pequena extensão da malha ferroviária até terminais portuários sobrecarregados. Independentemente do motivo, essa opção histórica pelo transporte rodoviário no país funciona como um fator que enfraquece o poder de competitividade das empresas brasileiras no mercado, uma vez que o uso de um meio de transporte inadequado para movimentar suas mercadorias implica elevação dos custos e, dessa forma, dos preços a que eles são ofertados no mercado.

Por exemplo, o **agronegócio** é hoje um dos principais responsáveis pela força da economia brasileira. O Brasil agrícola está produzindo como nunca. É líder mundial em soja, milho, açúcar, café, carne bovina e de frango. A produção está se espalhando para o Centro-Oeste e o Norte do país e distanciando-se dos grandes centros consumidores e dos canais exportadores, como Sul e Sudeste. Na hora de escoar essa produção até os pontos de venda ou portos exportadores, o país enfrenta sérios problemas com a ineficiência dos sistemas de transporte, o que encarece os custos e põe em risco a competitividade do produto brasileiro no mercado internacional.

O sistema rodoviário ainda é o principal transportador de cargas agrícolas. Na maioria das vezes, é a única alternativa para a movimentação desse tipo de produto, devido à escassez de hidrovias e ferrovias que liguem grandes distâncias e, ao mesmo tempo, situem-se perto das fazendas, com ramais e estações de embarque e descarga. Com isso, a soja e o algodão, por exemplo, enfrentam percursos rodoviários de três mil quilômetros, em média, em rodovias precárias e com uma frota de caminhões sucateada, implicando alto consumo de combustível, sem contar o valor dos pedágios.

Agronegócio: é a soma da cadeia produtiva envolvida no processo de produção agropecuária, desde a origem desse produto até o consumidor final. Esse conjunto de operações abrange, por exemplo, atividades direcionadas ao plantio e ao desenvolvimento da criação animal, a produção de insumos e maquinarias que serão usadas nessas atividades ou no seu beneficiamento, além de seu transporte, sua armazenagem e sua comercialização.

Toda essa despesa aumenta o valor final do produto, e os embarcadores (donos da carga) têm se preocupado cada vez mais com a logística envolvida nesse processo para que tudo ocorra na hora exata, no lugar certo e em condições favoráveis, de forma que as perdas sejam menores.

Comércio

A distribuição irregular das atividades econômicas pelo mundo faz que haja grandes diferenças entre as regiões, tanto em relação ao que cada uma é capaz de produzir e vender, como em termos daquilo que precisa e pode comprar das demais. Existe, portanto, uma necessidade de circulação e comercialização de bens e serviços, gerando uma rede de interdependência comandada pelas potencialidades de mercado de cada lugar. Esse processo se dá nas mais diferentes escalas, ou seja, da local à global, definindo, assim, tanto o comércio interno como o externo.

Brasil: comércio interno

O fluxo do comércio interno brasileiro apresenta uma forte polarização da região Sudeste, responsável por mais de 70% do valor que é comercializado no país, refletindo a expressividade da economia dessa região, principalmente do setor industrial. Destaca-se o estado de São Paulo, o mais industrializado do país, que fornece cerca de 40% das mercadorias compradas pelos demais estados brasileiros e mais de 50% das que são vendidas por eles. A expressividade do Sudeste e de São Paulo no contexto do fluxo do comércio interno no Brasil demonstra que existe uma forte relação entre a intensidade do fluxo de bens comercializados e as capacidades de compra e venda de cada região. Essa mesma lógica é válida no âmbito do comércio externo.

Comércio externo

O comércio externo apoia-se em um sistema de trocas caracterizado pelas exportações (venda de mercadorias para outros países) e importações (compra de mercadorias de outros países). A balança comercial registra os valores dessas operações comerciais ao longo de um período. Seu saldo pode ser positivo (quando o valor das exportações for maior que o das importações, registrando um superávit) ou negativo (quando o valor das importações for superior ao das exportações, apresentando um déficit).

Observe a tabela abaixo sobre o comércio internacional em 2010.

Ordem	Exportadores	Valor US$ bi	%	Ordem	Importadores	Valor US$ bi	%
1	China	1,578	10,4	1	EUA	1,968	12,8
2	EUA	1,278	8,4	2	China	1,395	9,1
3	Alemanha	1,269	8,3	3	Alemanha	1,067	6,9
4	Japão	770	5,1	4	Japão	693	4,5
5	Países Baixos	572	3,8	5	França	606	3,9
6	França	521	3,4	6	Reino Unido	558	3,6
7	Coreia do Sul	466	3,1	7	Países Baixos	517	3,4
22	Brasil	202	1,3	20	Brasil	191	1,2

Fonte: OMC, *World Trade Report*, 2011.

O fluxo do comércio externo demonstra que existe uma forte relação entre a intensidade do fluxo de bens comercializados pelos países e a sua potencialidade econômica, pois, no grupo que reúne os sete maiores exportadores e importadores, estão praticamente todas as maiores economias do mundo atualmente. Entre elas, destacam-se China, EUA e Alemanha. Repare que é possível calcular o saldo comercial daqueles que aparecem nas duas colunas – China, Alemanha e Japão apresentam superávit, e EUA e França registram déficit.

Brasil: comércio externo

De acordo com o relatório da OMC (Organização Mundial do Comércio) apresentado anteriormente, o Brasil, classificado entre as 10 maiores economias do mundo em 2010, destoa desse *ranking* quando o assunto é comércio exterior. O país ocupa o 22º lugar na lista dos exportadores e o 20º entre os importadores, participando com apenas 1,3% e 1,2% do comércio mundial, respectivamente.

Segundo muitos analistas, esse posicionamento pouco privilegiado do Brasil – principalmente no *ranking* das exportações mundiais – é consequência, entre outros fatores, do que se denomina "Custo Brasil", isto é, um conjunto de fatores que dificultam o crescimento econômico de um país e sua maior inserção no fluxo do comércio mundial. São exemplos desses fatores a carga tributária, as taxas de juros muito elevadas e, como vimos anteriormente, a precária infraestrutura de transportes e serviços.

Apesar desses problemas, as exportações realizadas pelo Brasil estão crescendo de forma acentuada nos últimos anos (veja o gráfico abaixo). Isso vem ocorrendo, segundo muitos analistas, como resultado de uma série de avanços tecnológicos em diversos setores produtivos, vinculados, especialmente, às produções agropecuária e agroindustrial, que os tornam mais competitivos no mercado internacional (veja o gráfico a seguir).

Outro fator está relacionado ao crescimento da economia mundial entre 2000 e 2008, impulsionado, em grande parte, pela expansão da economia da China, que aumentou a demanda por **commodities** produzidas no país, com destaque para o complexo da soja (grão, farelo e óleo vegetal), café, açúcar, suco de laranja, carne (bovina e de frango), milho e algodão, no setor agropecuário; minério de ferro, bauxita, aço e alumínio, no setor siderúrgico-minerador; e madeira e celulose, no setor extrativo. Com relação às produções industriais de média e alta tecnologia exportadas pelo Brasil, destacam-se os meios de transporte, como caminhões, automóveis e aviões. Repare que a crise financeira internacional ocorrida em 2008 provocou uma queda no comércio exterior brasileiro em 2009.

> **Commodities:** matérias-primas, no estado bruto ou semimanufaturado, de origem agrícola e mineral.

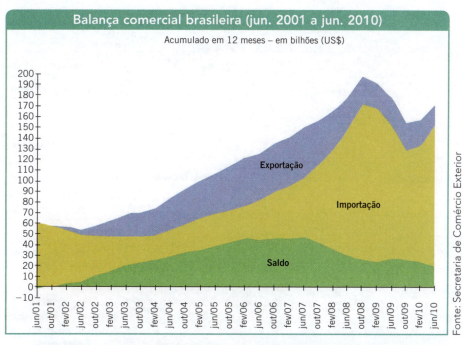

Por outro lado, o crescimento das exportações de *commodities* é enxergado com preocupação, pois isso indica que não está havendo evolução tecnológica no campo da produção de bens industriais de média e alta tecnologia e, portanto, de elevado valor agregado, que viabilizem a sua inserção de forma competitiva no fluxo do comércio mundial.

No que diz respeito às importações, a maior parte dos produtos importados pelo Brasil pertence ao grupo de manufaturados de média e elevada tecnologia, portanto de elevado valor agregado. Entre esses produtos, destacam-se os vinculados à produção de material elétrico, automobilística, farmacêutica, de autopeças, de equipamentos de telecomunicações e de informática. No campo das *commodities*, destacam-se trigo, carvão mineral, gás natural e cobre.

O comércio externo brasileiro é realizado em sua quase totalidade utilizando o modal de transporte marítimo, pois o comércio realizado usando outro modal de transporte ainda é pequeno. O mapa abaixo mostra os principais portos marítimos do Brasil, e o texto a seguir destaca os aspectos mais importantes do porto de Santos.

O porto de Santos

Considerado o maior porto da América Latina, suas instalações ocupam 7,7 milhões de m² e cerca de 13 km de extensão, alcançando ambas as margens do estuário e estendendo-se até Guarujá e Cubatão, onde se encontram os terminais da Companhia Siderúrgica Paulista (Cosipa) e da Ultrafértil. Possui 55 km de dutos e 100 km de linhas férreas.

Para armazenamento de granéis líquidos, tem capacidade de, aproximadamente, 700 mil m³; e, para granéis sólidos, instalações para acondicionar mais de 2,5 milhões de toneladas.

Mais de 50% do PIB nacional passa pelo porto de Santos. O complexo portuário santista responde por mais de um quarto da movimentação da balança comercial brasileira e inclui na pauta de suas principais cargas açúcar, complexo soja, cargas conteinerizadas, café, milho, trigo, sal, polpa cítrica, suco de laranja, papel, automóveis, álcool e outros granéis líquidos.

A origem do porto, que data do século XVI, está vinculada ao tráfico de escravos e ao comércio de sal. Mas seu papel no desenvolvimento do estado e do país deve-se à exportação de café.

Fonte: Porto de Santos, Codesp (Companhia Docas do Estado de São Paulo). Disponível em: <www.portodesantos.com.br/imprensa.php?pagina=art1>; Fethesp (Federação dos Empregados em Turismo e Hospitalidade do Estado de São Paulo). Disponível em: <www.fethesp.org.br/colonia.php?pg=colonia-roteirosdet&id=48&cidadedb=2&tit=21>.
Acessos em: 6 jun. 2013. Adaptados.

Site recomendado

<www.mdic.gov.br//sitio/interna/interna.php?area=5&menu=571>

O *site* do Ministério do Desenvolvimento, Indústria e Comércio Exterior apresenta os dados consolidados da Balança Comercial Brasileira, de 2006 a 2012.

1 (PUC-RS) A sociedade pós-industrial modifica o mercado de trabalho. Com relação a essas modificações, é correto afirmar:
a) O trabalho informal diminui, e aumenta o trabalho especializado regulamentado pelos sindicatos.
b) O trabalho sistêmico ou rígido nos complexos industriais está presente com o máximo de especialização.
c) A relação do profissional com o emprego se tornou mais flexível em termos de horários e locais de trabalho, sendo cada vez mais valorizados a criatividade e o conhecimento.
d) O desemprego aumenta no setor terciário da economia, e a oferta de emprego é cada vez maior nos setores primário e secundário.
e) O turismo deixa de ter uma participação ativa no mercado de trabalho devido ao aumento das horas de trabalho acordado por trabalhadores e sindicatos.

2 (Enem) O suíço Thomas Davatz chegou a São Paulo em 1855 para trabalhar como colono na fazenda de café Ibicaba, em Campinas.

A perspectiva de prosperidade que o atraiu para o Brasil deu lugar a insatisfação e revolta, que ele registrou em livro.

Sobre o percurso entre o porto de Santos e o planalto paulista, escreveu Davatz:

As estradas do Brasil, salvo em alguns trechos, são péssimas. Em quase toda parte, falta qualquer espécie de calçamento ou mesmo de saibro. Constam apenas de terra simples, sem nenhum benefício. É fácil prever que nessas estradas não se encontram estalagens e hospedarias como as da Europa. Nas cidades maiores, o viajante pode naturalmente encontrar aposento sofrível; nunca, porém, qualquer coisa de comparável à comodidade que proporciona na Europa qualquer estalagem rural. Tais cidades são, porém, muito poucas na distância que vai de Santos a Ibicaba e que se percorre em cinquenta horas no mínimo.

Em 1867 foi inaugurada a ferrovia ligando Santos a Jundiaí, o que abreviou o tempo de viagem entre o litoral e o planalto para menos de um dia. Nos anos seguintes, foram construídos outros ramais ferroviários que articularam o interior cafeeiro ao porto de exportação, Santos.

DAVATZ, Thomas. *Memórias de um colono no Brasil.*
São Paulo: Livraria Martins, 1941. Adaptado.

O impacto das ferrovias na promoção de projetos de colonização com base em imigrantes europeus foi importante, porque:
a) o percurso dos imigrantes até o interior, antes das ferrovias, era feito a pé ou em muares; no entanto, o tempo de viagem era aceitável, uma vez que o café era plantado nas proximidades da capital, São Paulo.
b) a expansão da malha ferroviária pelo interior de São Paulo permitiu que a mão de obra estrangeira fosse contratada para trabalhar em cafezais de regiões cada vez mais distantes do porto de Santos.
c) o escoamento da produção de café se viu beneficiado pelos aportes de capital, principalmente

de colonos italianos, que desejavam melhorar sua situação econômica.

d) os fazendeiros puderam prescindir da mão de obra europeia e contrataram trabalhadores brasileiros provenientes de outras regiões para trabalhar em suas plantações.

e) as notícias de terras acessíveis atraíram para São Paulo grande quantidade de imigrantes, que adquiriram vastas propriedades produtivas.

3 (Enem)

A abertura e a pavimentação de rodovias em zonas rurais e regiões afastadas dos centros urbanos, por um lado, possibilitam melhor acesso e maior integração entre as comunidades, contribuindo com o desenvolvimento social e urbano de populações isoladas. Por outro lado, a construção de rodovias pode trazer impactos indesejáveis ao meio ambiente, visto que a abertura de estradas pode resultar na fragmentação de hábitats, comprometendo o fluxo gênico e as interações entre espécies silvestres, além de prejudicar o fluxo natural de rios e riachos, possibilitar o ingresso de espécies exóticas em ambientes naturais e aumentar a pressão antrópica sobre os ecossistemas nativos.

BARBOSA, Newton Pimentel Ulhôa; FERNANDES, Geraldo Wilson. A destruição do jardim. *Scientific American Brasil.* São Paulo: Duetto, ano 7, n. 80, dez. 2008. Adaptado.

Nesse contexto, para conciliar os interesses aparentemente contraditórios entre o progresso social e urbano e a conservação do meio ambiente, seria razoável:

a) impedir a abertura e a pavimentação de rodovias em áreas rurais e em regiões preservadas, pois a qualidade de vida e as tecnologias encontradas nos centros urbanos são prescindíveis às populações rurais.

b) impedir a abertura e a pavimentação de rodovias em áreas rurais e em regiões preservadas, promovendo a migração das populações rurais para os centros urbanos, onde a qualidade de vida é melhor.

c) permitir a abertura e a pavimentação de rodovias apenas em áreas rurais produtivas, haja vista que nas demais áreas o retorno financeiro necessário para produzir uma melhoria na qualidade de vida da região não é garantido.

d) permitir a abertura e a pavimentação de rodovias, desde que comprovada a sua real necessidade e após a realização de estudos que demonstrem ser possível contornar ou compensar seus impactos ambientais.

e) permitir a abertura e a pavimentação de rodovias, haja vista que os impactos ao meio ambiente são temporários e podem ser facilmente revertidos com as tecnologias existentes para recuperação de áreas degradadas.

4 No Brasil, a produção de soja vem se espalhando ao longo do nosso território. Cerca de 16 estados exportam esse produto. O problema que esse tipo de comércio está enfrentando é a concentração do embarque nos portos de:

a) Paranaguá (PR), Rio Grande (RS) e Santos (SP).
b) Vitória (ES), Rio de Janeiro (RJ) e Aracaju (SE).
c) Tubarão (ES), Sepetiba (RJ) e Itaqui (MA).
d) Itajaí (SC), Porto Alegre (RS) e Belém (PA).
e) Salvador (BA), Florianópolis (SC) e Recife (PE).

Anotações

AULA 15

Competência 2 Compreender as transformações dos espaços geográficos como produto das relações socioeconômicas e culturais de poder.

Habilidade 7 Identificar os significados histórico-geográficos das relações de poder entre as nações.

Em classe

MEIO AMBIENTE E SUSTENTABILIDADE

Desafio ambiental

Desenvolvimento sustentável e sustentabilidade

Agenda 21

Objetivos do milênio

1 (Enem)

O homem construiu sua história por meio do constante processo de ocupação e transformação do espaço natural. Na verdade, o que variou, nos diversos momentos da experiência humana, foi a intensidade dessa exploração.

Disponível em: <www.simposioreformaagraria.propp.ufu.br>. Acesso em: 9 jul. 2009. Adaptado.

Uma das consequências que pode ser atribuída à crescente intensificação da exploração de recursos naturais, facilitada pelo desenvolvimento tecnológico ao longo da história, é:

a) a diminuição do comércio entre países e regiões, que se tornaram autossuficientes na produção de bens e serviços.

b) a ocorrência de desastres ambientais de grandes proporções, como no caso de derramamento de óleo por navios petroleiros.

c) a melhora generalizada das condições de vida da população mundial, a partir da eliminação das desigualdades econômicas na atualidade.

d) o desmatamento, que eliminou grandes extensões de diversos biomas improdutivos, cujas áreas passaram a ser ocupadas por centros industriais modernos.

e) o aumento demográfico mundial, sobretudo nos países mais desenvolvidos, que apresentam altas taxas de crescimento vegetativo.

2 (Enem) No presente, observa-se crescente atenção aos efeitos da atividade humana, em diferentes áreas, sobre o meio ambiente, sendo constante, nos fóruns internacionais e nas instâncias nacionais, a referência à sustentabilidade como princípio orientador de ações e propostas que deles emanam. A sustentabilidade explica-se pela:

a) incapacidade de se manter uma atividade econômica ao longo do tempo sem causar danos ao meio ambiente.

b) incompatibilidade entre crescimento econômico acelerado e preservação de recursos naturais e de fontes não renováveis de energia.

c) interação de todas as dimensões do bem-estar humano com o crescimento econômico, sem a preocupação com a conservação dos recursos naturais que estivera presente desde a Antiguidade.

d) proteção da biodiversidade em face das ameaças de destruição que sofrem as florestas tropicais devido ao avanço de atividades como a mineração, a monocultura, o tráfico de madeira e de espécies selvagens.

e) necessidade de se satisfazer as demandas atuais colocadas pelo desenvolvimento sem comprometer a capacidade de as gerações futuras atenderem suas próprias necessidades nos campos econômico, social e ambiental.

3 (UEL-PR – Adaptada) A Agenda 21 é o principal documento da Conferência das Nações Unidas sobre o Meio Ambiente e Desenvolvimento Humano, da qual são signatários cerca de 170 países, entre eles o Brasil. Trata-se de uma proposta de desenvolvimento sustentável calcada em um planejamento do futuro com ações de curto, médio e longo prazos, inclusive definindo recursos e responsabilidades. Contudo, o não cumprimento da Convenção sobre Mudanças Climáticas, que previa o congelamento das emissões atmosféricas aos níveis de 1990, é uma das evidências do pequeno avanço na implementação da Agenda 21.

Sobre o tema, é correto afirmar:

a) O crescimento econômico dos países periféricos, decorrente da implementação da Agenda 21, beneficia diretamente as multinacionais, dada a possibilidade de ampliar seus lucros.
b) A adesão dos países periféricos à Agenda 21 inviabiliza a implementação de seus parques industriais, pois são estes países os maiores poluidores do planeta.
c) As metas estabelecidas na Agenda 21 inviabilizam as atividades industriais e, consequentemente, implicam a desestruturação da economia dos países ricos.
d) As atividades que poluem o ambiente e degradam as condições de vida da população são imprescindíveis ao desenvolvimento socioeconômico, daí a ausência de interesse na implementação da Agenda 21.
e) A proposta de desenvolvimento sustentável da Agenda 21 é inconciliável com o modelo de crescimento predatório baseado na exploração indiscriminada da força de trabalho e dos recursos naturais do planeta.

4 (Enem – Adaptada) No primeiro semestre de 2006, o Movimento Global pela Criança, em parceria com o Unicef, divulgou o relatório *Salvando vidas: o direito das crianças ao tratamento de HIV e Aids*. Nesse relatório, conclui-se que o aumento da prevenção primária ao vírus deverá reduzir o número de novos casos de infecção entre jovens de 15 a 24 anos (atendendo ao 6º item dos Objetivos do Milênio), como mostra o gráfico a seguir.

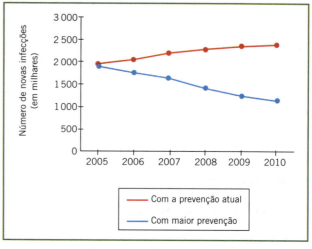

Fonte: Unicef, Movimento Global pela Criança.

Com base nesses dados, analise as seguintes afirmações.

I. Ações educativas de prevenção da transmissão do vírus HIV poderão contribuir para a redução, em 2008, de mais de 20% dos novos casos de infecção entre os jovens, em relação ao ano de 2005.
II. Ações educativas relativas à utilização de preservativos nas relações sexuais reduzirão em 25% ao ano os novos casos de Aids entre os jovens.
III. Sem o aumento de medidas de prevenção primária, estima-se que, em 2010, o aumento de novos casos de infecção por HIV entre os jovens será, em relação ao ano de 2005, 50% maior.

É correto apenas o que se afirma em:

a) I.
b) II.
c) III.
d) I e II.
e) II e III.

Em casa

TEXTOS DE APOIO
Desafio ambiental

A intensidade com que a degradação do meio natural tem ocorrido e sua consequência para os seres humanos introduzem a discussão sobre a necessidade de um novo modelo de desenvolvimento. Isso se verifica na produção agrícola e industrial, no planejamento da infraestrutura de transportes e energia, no abastecimento de água e esgotos e na organização das cidades. A escassez de recursos naturais, a poluição e a miséria indicam a urgência de mudanças.

No mundo urbano, o principal desafio nos dias atuais é que as cidades, independentemente do seu porte, criem condições para assegurar uma qualidade de vida que possa ser considerada aceitável, não interferindo negativamente no meio ambiente do seu entorno e agindo preventivamente para evitar a continuidade do nível de degradação, notado principalmente nas regiões habitadas pelos setores mais carentes. Para dar conta desse desafio, torna-se estratégica a parceria entre governo e sociedade na construção e na implementação das políticas públicas.

Proibição, multas ou previsão de custos adicionais para reparar danos têm se mostrado insuficientes na resolução dos problemas ambientais. A ênfase no controle, na proibição e na punição deve se deslocar para a construção conjunta do desenvolvimento sustentável, ou seja, deve-se incorporar a variável ambiental na estratégia das políticas públicas para o desenvolvimento das cidades. Isso resultará em melhor qualidade de vida para a população a longo prazo.

A concretização de um novo modelo de desenvolvimento exige ações que contribuam para fortalecer e habilitar os órgãos e as entidades responsáveis pelo planejamento, pela regulação, pela gestão e pela execução das políticas públicas.

Desenvolvimento sustentável e sustentabilidade

Os países signatários dos documentos e das declarações resultantes das conferências mundiais ocorridas na década de 1990 assumiram o compromisso e o desafio de implementar, em suas políticas públicas, as noções de desenvolvimento sustentável e de sustentabilidade.

Desenvolvimento sustentável pode ser definido como aquele que atende às necessidades do presente sem comprometer a possibilidade de as gerações futuras atenderem às suas. Por mais que essa abordagem genérica possa ser criticada como insuficiente, ainda assim guarda contribuições como forma de solidariedade entre gerações. A crítica fundamental é de que as necessidades sempre se definem a partir de condicionamentos históricos bem específicos e não de uma perspectiva universal.

O conceito de desenvolvimento sustentável surge para enfrentar a crise ecológica, e, pelo menos, duas correntes alimentaram esse processo. A primeira tem relação com aquelas correntes que influenciaram mudanças nas abordagens do desenvolvimento econômico, notadamente a partir dos anos 1970. Um exemplo dessa linha de pensamento é o trabalho do Clube de Roma, publicado sob o título de *Limites do crescimento*, em 1972, que propõe, para se alcançar a estabilidade econômica e ecológica, o congelamento do crescimento da população global e do capital industrial, mostrando a realidade dos recursos limitados e indicando um forte viés para o controle demográfico.

A segunda está relacionada com a crítica ambientalista ao modo de vida contemporâneo, que se difundiu a partir da Conferência de Estocolmo em 1972, quando a questão ambiental ganhou visibilidade pública. Assim, o que se observa é que a ideia ou o enfoque do desenvolvimento sustentável adquire relevância em um curto espaço de tempo, assumindo um caráter diretivo nos debates sobre os rumos do desenvolvimento.

> **Clube de Roma**
>
> O Clube de Roma é uma organização não governamental, fundada em 1968 pelo industrial italiano Aurelio Peccei e pelo cientista escocês Alexander King, que reúne especialistas das mais diversas áreas do conhecimento, incluindo representantes políticos e financeiros, com o objetivo de analisar as premissas que compõem a situação mundial, a fim de tomar precauções e formular soluções para um futuro possível.

Conferência de Estocolmo

Com a perspectiva sobre a importância da preservação do meio ambiente em questão na década de 1970, em 1972 realizou-se a Conferência das Nações Unidas sobre o Desenvolvimento e Meio Ambiente Humano, em Estocolmo, Suécia. A ONU colocou em pauta os grandes impactos ambientais que estavam sendo causados por uma utilização voraz e sem planejamento dos recursos naturais e uma preocupação com a qualidade de vida das gerações futuras.

Nas duas últimas décadas, o principal determinante para a crescente confluência das duas vertentes – economicista e ambientalista – deveu-se principalmente ao avanço da crise ambiental, por um lado, e ao aprofundamento dos problemas econômicos e sociais para a maioria das nações. Entre as transformações mundiais ocorridas nessas duas décadas, aquelas vinculadas à degradação ambiental e à crescente desigualdade entre regiões assumem lugar de destaque, reforçando a importância da adoção de esquemas integradores entre as duas abordagens.

O desenvolvimento sustentável não se refere especificamente a um problema limitado de adequações ecológicas de um processo social, mas a uma estratégia ou modelo múltiplo para a sociedade, que deve levar em conta tanto a viabilidade econômica como a ecológica.

A **sustentabilidade** tem-se firmado como um novo paradigma para o desenvolvimento humano, entretanto também esta retórica necessita apresentar as mediações adequadas aos objetivos vislumbrados. A ideia de sustentabilidade defendida é entendida como um senso profundamente ético, de igualdade e justiça social, de preservação da diversidade cultural, de autodeterminação das comunidades e de integridade ecológica. A sustentabilidade nos põe o seguinte desafio: a nossa questão fundamental não é mais viver melhor amanhã, mas viver de modo diferente hoje, aqui e agora, e, para que isso aconteça, são necessárias profundas mudanças na forma de pensar, viver, produzir e consumir.

A mediação adequada entre meio ambiente, educação e sustentabilidade implica destacar a diversidade cultural, a participação, o envolvimento subjetivo e a cidadania ativa. Por este caminho, passam também a redescoberta da solidariedade entre os homens como agentes sociais e destes com referência à moderação quanto ao uso dos bens naturais.

No Brasil, uma das soluções mais bem-sucedidas no sentido de articular os aspectos ambientais, econômicos e sociais de sustentabilidade são as cooperativas de catadores de materiais recicláveis. Além de gerar emprego e renda para os seus associados, elas contribuem para diminuir a exploração dos recursos naturais e a produção de lixo. Em 2010, por exemplo, 429 mil toneladas de alumínio foram recicladas no país, segundo a Associação Brasileira do Alumínio, em grande parte por cooperativas de catadores.

Agenda 21

A Agenda 21 foi um dos principais resultados da Conferência Eco-92, ocorrida no Rio de Janeiro em 1992. Esse documento estabeleceu a importância de cada país em se comprometer a refletir, global e localmente, sobre a forma pela qual governos, empresas, organizações não governamentais e todos os setores da sociedade poderiam cooperar no estudo de soluções para os problemas socioambientais.

Cada país desenvolve a sua Agenda 21, e no Brasil as discussões são coordenadas pela Comissão de Políticas de Desenvolvimento Sustentável e da Agenda 21 Brasileira (CPDS). A Agenda 21 se constitui em um poderoso instrumento de reconversão da sociedade industrial rumo a um novo paradigma, que exige a reintegração do conceito de progresso, contemplando maior harmonia e equilíbrio holístico entre o todo e as partes, promovendo a qualidade, e não apenas a quantidade, do crescimento.

As ações prioritárias da Agenda 21 brasileira são:
- os programas de inclusão social (com o acesso de toda a população à educação, à saúde e à distribuição de renda);
- a sustentabilidade urbana e rural;
- a preservação dos recursos naturais e minerais;
- a ética política para o planejamento rumo ao desenvolvimento sustentável.

Mas o ponto mais importante dessas ações prioritárias, segundo este estudo, é o planejamento de sistemas de produção e consumo sustentáveis contra a cultura do desperdício. A Agenda 21 é um plano de ação para ser adotado global, nacional e localmente, por organizações do sistema das Nações Unidas, governos e sociedade civil.

Objetivos do Milênio

Em setembro de 2000, o Brasil, com os demais países-membros das Nações Unidas, assinou a Declaração do Milênio, estabelecendo um compromisso compartilhado com a sustentabilidade do planeta. Os Objetivos do Milênio são um conjunto de oito macro-objetivos, concretizados em 22 metas a ser atingidas pelos países até o ano de 2015, por meio de ações práticas dos governos e da sociedade.

Disponível em: <www.objetivosdomilenio.org.br>. Acesso em: 6 jun. 2013.

> **Site recomendado**
> <www.pnud.org.br/ODM>
> No *site* do Programa das Nações Unidas para o Desenvolvimento são detalhados os Oito Objetivos do Milênio.

1 (UEL-PR – Adaptada) Com base nos conhecimentos sobre o meio ambiente, assinale a alternativa correta.

a) Segundo a Agenda 21, cada nação deve escolher livremente a sua forma de crescimento econômico e de exploração dos recursos naturais.

b) Cidades intensamente ocupadas e monoculturas caracterizam um modelo adequado para o equilíbrio do ecossistema planetário.

c) Estudos sobre o uso e a ocupação do solo demonstram que a deterioração do meio ambiente é responsabilidade das favelas.

d) Pesquisas rejeitam a autonomia dos ecossistemas e indicam a necessidade de abordagens que os considerem em sua interdependência.

e) A imediata recuperação do ambiente após grandes acidentes ambientais refuta teses de pesquisadores alarmistas.

2 (Enem)

As queimadas, cenas corriqueiras no Brasil, consistem em prática cultural relacionada com um método tradicional de "limpeza da terra" para introdução e/ou manutenção de pastagens e campos agrícolas. Esse método consiste em: (a) derrubar a floresta e esperar que a massa vegetal seque; (b) atear fogo, para que os resíduos grosseiros, como troncos e galhos, sejam eliminados e as cinzas resultantes enriqueçam temporariamente o solo. Todos os anos, milhares de incêndios ocorrem no Brasil, em biomas como Cerrado, Amazônia e Mata Atlântica, em taxas tão elevadas, que se torna difícil estimar a área total atingida pelo fogo.

CARNEIRO FILHO, Arnaldo. *Queimadas*. Almanaque Brasil Socioambiental.
São Paulo: Instituto Socioambiental, 2007. Adaptado.

Um modelo sustentável de desenvolvimento consiste em aliar necessidades econômicas e sociais à conservação da biodiversidade e da qualidade ambiental. Nesse sentido, o desmatamento de uma floresta nativa, seguido da utilização de queimadas, representa:

a) método eficaz para a manutenção da fertilidade do solo.

b) atividade justificável, tendo em vista a oferta de mão de obra.

c) ameaça à biodiversidade e impacto danoso à qualidade do ar e ao clima global.

d) destinação adequada para os resíduos sólidos resultantes da exploração da madeira.

e) valorização de práticas tradicionais dos povos que dependem da floresta para sua sobrevivência.

3 (Enem)

O volume de matéria-prima recuperado pela reciclagem do lixo está muito abaixo das necessidades da indústria. No entanto, mais que uma forma de responder ao aumento da demanda industrial por matérias-primas e energia, a reciclagem é uma forma de reintroduzir o lixo no processo industrial.

SCARLATO, Francisco Capuano; PONTIN, Joel Arnaldo. *Do nicho ao lixo*. São Paulo: Atual, 1992. Adaptado.

A prática abordada no texto corresponde, no contexto global, a uma situação de sustentabilidade que:

a) reduz o buraco na camada de ozônio nos distritos industriais.

b) ameniza os efeitos das chuvas ácidas nos polos petroquímicos.

c) diminui os efeitos da poluição atmosférica das indústrias siderúrgicas.

d) diminui a possibilidade de formação das ilhas de calor nas áreas urbanas.

e) reduz a utilização de matérias-primas nas indústrias de bens de consumo.

4 (Enem – Adaptada) O Brasil, em 2000, assinou a Declaração do Milênio, comprometendo-se com alguns objetivos que visam garantir a sustentabilidade do planeta. Um destes se refere à redução da taxa de mortalidade infantil.

A tabela a seguir apresenta dados coletados pelo Ministério da Saúde a respeito da redução da taxa de mortalidade infantil em cada região brasileira e no Brasil.

	2002	2004	Variação % 2002-2004
N	27,0	25,6	↓ 5,2
NE	37,2	33,9	↓ 8,9
SE	15,7	14,9	↓ 5,2
S	16,0	15,0	↓ 6,7
CO	19,3	18,7	↓ 3,0
Brasil	**24,3**	**22,5**	↓ **7,4**

Fonte: MS/SVS/SIM. Disponível em: <http://portal.saude.gov.br>. Acesso em: 1º out. 2008.

Considerando os índices de mortalidade infantil apresentados e os respectivos percentuais de variação de 2002 a 2004, é correto afirmar que:

a) uma das medidas a ser tomadas, visando à melhoria deste indicador, consiste na redução da taxa de natalidade.

b) o Brasil atingiu sua meta de reduzir ao máximo a mortalidade infantil no país, equiparando-se aos países mais desenvolvidos.

c) o Nordeste ainda é a região onde se registra a maior taxa de mortalidade infantil, dadas as condições de vida de sua população.

d) a região Sul foi a que registrou menor crescimento econômico no país, já que apresentou uma redução significativa da mortalidade infantil.

e) a região Norte apresentou a variação da redução da mortalidade infantil mais baixa, tendo em vista que sua vasta extensão e o difícil acesso a comunidades isoladas impedem a formulação de políticas de saúde eficazes.

Anotações

Anotações